X線写真で見る生き物の世界

イノチ

ノ
ウチガワ

文
ヤン・パウル・スクッテン

写真
アリー・ファン・ト・リート

訳
野坂悦子・薬袋洋子

監修
今泉忠明

実業之日本社

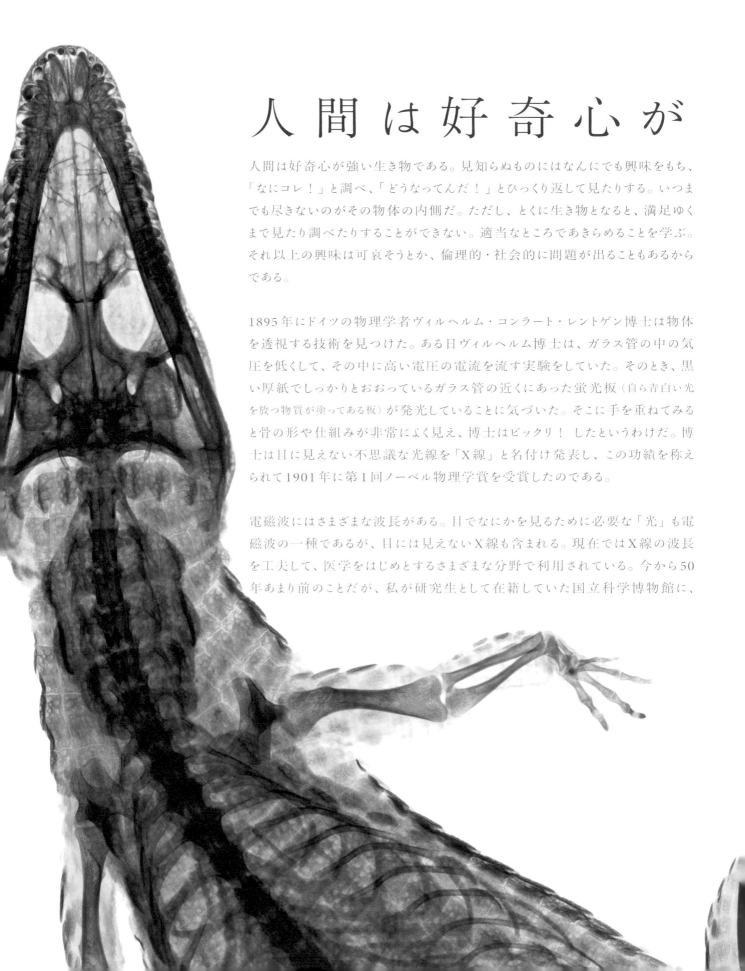

人間は好奇心が

人間は好奇心が強い生き物である。見知らぬものにはなんにでも興味をもち、「なにコレ！」と調べ、「どうなってんだ！」とひっくり返して見たりする。いつまでも尽きないのがその物体の内側だ。ただし、とくに生き物となると、満足ゆくまで見たり調べたりすることができない。適当なところであきらめることを学ぶ。それ以上の興味は可哀そうとか、倫理的・社会的に問題が出ることもあるからである。

1895年にドイツの物理学者ヴィルヘルム・コンラート・レントゲン博士は物体を透視する技術を見つけた。ある日ヴィルヘルム博士は、ガラス管の中の気圧を低くして、その中に高い電圧の電流を流す実験をしていた。そのとき、黒い厚紙でしっかりとおおっているガラス管の近くにあった蛍光板（自ら青白い光を放つ物質が塗ってある板）が発光していることに気づいた。そこに手を重ねてみると骨の形や仕組みが非常によく見え、博士はビックリ！ したというわけだ。博士は目に見えない不思議な光線を「X線」と名付け発表し、この功績を称えられて1901年に第1回ノーベル物理学賞を受賞したのである。

電磁波にはさまざまな波長がある。目でなにかを見るために必要な「光」も電磁波の一種であるが、目には見えないX線も含まれる。現在ではX線の波長を工夫して、医学をはじめとするさまざまな分野で利用されている。今から50年あまり前のことだが、私が研究生として在籍していた国立科学博物館に、

強 い 生 き 物 で あ る

「軟X線撮影装置」が持ち込まれたことがあった。軟X線とは、通常のX線よりも比較的波長が長く、透過性が弱く、骨などの硬い物質以外のちょっとした薄い皮膚のようなものでも写るので、動物の内部を観察するのに適しているということだった。私の専門はモグラ類やネズミ類で、おもに剥製標本をつくる仕事だったから、当時の私には今ひとつその利用法が浮かばなかった。調査、調査と日々忙しく過ごすうちに、いつしかこのことはすっかり忘れた。

今回、本書を見たときにこのことを思い出した。昆虫のような生き物は、通常のX線では強すぎてほとんどなにも写らないが、軟X線ならそのX線の波長を長く調節して内側を写すことができる。そして、あらゆる生き物を撮影しまくった人がいたんだ、と感服した。その画像を1冊にまとめたものだから、ページをめくるたび興味深い生き物の姿が次々に登場する。

ながめていると、好奇心がどんどん刺激される。クラゲやクリオネなどの、ふにゃふにゃとした半透明の生き物のX線写真はどう見えるのだろう。内臓はどうなっているんだろう、と想像がふくらむ。人間は好奇心が強い生き物だと冒頭で述べたが、本書を見ているうちに初心にかえってしまった。なんでも見たくなってしまったのである。好奇心満々の子どもたちがこの本を食い入るように見つめる姿が想像される。貴重な1冊だとつくづく思う。どうか本書を存分に楽しんでいただきたい。

2022年11月
監修　今泉忠明

3

この本は、皆さんが考えるより特別な本だ。

書店や図書館をのぞいても、X線写真（レントゲン写真ともいう）を載せた本にはあまり出合わない。しかも、こんなに美しいX線写真を載せた本は、たぶん1冊もない。簡単に撮れるようなものではないし、撮影には厳しい規則があるからだ。にもかかわらず、アリー・ファン・ト・リートは、素晴らしい写真をたくさん撮ることに成功したのだ。

長年、病院に勤務していたアリーは、X線写真の撮影を数多く手がけてきた。しかしこの本の写真は、病院ではなく、自宅の仕事場で撮影している。X線撮影には危険が伴うため、ふつうは許されないことだ。歯並びや骨折したところの写真をほんの一枚、撮るだけなら、ほとんど間違いは起こらない。だがひんぱんに撮影するとなると、放射線の危険を考える必要がある。だから撮影場所は、十分に安全が守られていなければいけない。しかもX線撮影には目的が必要だ。「ただ面白いから」という理由で、撮影することはできない。

ずいぶん前に、病院でX線撮影機が不要になったとき、アリーはその機械をもらってもいいかと聞いてみた。そして譲り受けた機械を使って、自宅の仕事場で練習を重ね、写真撮影の腕をさらに磨けるようになった。しかもアリーの仕事場は、あらゆる安全基準を満たしていたのだ。X線撮影機を使って、アリーは病院ではふだんやらないことを手がけることができた。たとえば芸術品収集家が、集めた絵画が本物かどうかを確かめに訪ねてくることもあった。X線で撮影すれば塗料の表層の下にある層を見て、過去の画家たちが使ったのと同じ手法で描かれた絵なのか、確認できるのだ。またアリーのところに、壊れたヘッドホンが持ちこまれることもあった。X線写真を見れば、ケーブルのどこに断線があるかを突き止められるからだ。けれどもアリーがとくに腕を磨きたかったのは、動物や花の写真の撮影だった。繊細な花のとなりに毛が厚く生えた動物を並べることで、アリーは撮影技術を向上させていった。そうすることで、よりよい写真の撮り方を学んだだけではなく、動物と植物のコンビネーションがいかに特別なものか、気がついたのだ。そして練習用の写真をできるだけ美しく撮ってみようと、思いついた。

アリーはなるべく多くの生き物で練習しようとしたが、それは大変な作業だった。

は じ め に ……

昆虫はどこにでもいるので問題ないし、魚だって魚屋で買える。しかし、あとの生き物は？ たとえ死んでいたとしても、野生動物を好き勝手に家へ持ちこむことは法律で禁止されている。だからアリーは、自分が見つけた動物はすべて、どんな小さな生き物でも、家に持ち帰る前に国に届けを出して許可を取った。彼は、死んだスズメを見つけて喜ぶ、数少ない人間のひとりなのだ。

そんなわけで、この本の写真で見る動物たちはもう生きてはいない。かりに生きていたら、撮影のために、長い時間じっとさせておくのは相当難しかっただろう。いうまでもなく、アリーがこの本のために殺した動物は一匹もいない。たいていは、道端で見つけた動物（車に轢かれた個体）で、ときには、はく製業者から買うこともあった。爬虫類は、ほとんどの場合、愛好家たちがアリーのもとに持ちこんだ死んだペットたちだ。

この本の写真は、すべて本物だ。もちろんアリーは写真をいっそう魅力的なものにするため、特別なやり方を思いついて、白黒画像のところどころに色をつけている。でもあとは、ここで見るものはぜんぶ現実の姿そのものだ。コンピューターによる調整はなく、歯や骨、頭蓋骨がそっくりそのまま見えている。だから昆虫の翅が完全な形ではなかったりするし、クルマエビの脚が傷ついていたり、花についている葉が足りなかったりする。しかし、それが自然の美しさというものだ。

アリーが私にX線写真を送ってくれたとき、この写真で特別な本がつくれる！と、私はすぐに思いついた。だから、写真に添える文章を喜んで書きたくなった。文章によって生態の魅力を読者に届け、見ているものがなにかわかるようにしてある。でもなにより、写真をよく見てもらうために文章を添えたのだ。読者の皆さんには、いつもは隠されている命の内側までのぞける絶好のチャンス。だから両目でしっかりとチャンスをとらえてほしい！

2017年アムステルダムにて
ヤン・パウル・スクッテン

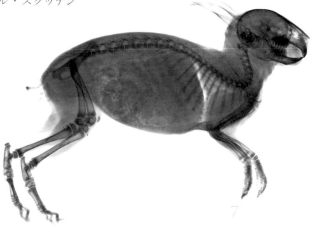

7

ちょっと待った。

X線写真とはいったいなんだろう？

X線とは電磁放射線（放射線のうち電磁波であるもの）のこと。難しく聞こえるけれど、皆さんのまわりにある光も電磁波の一種だ。ただし、光は体を透過する（通り抜ける）ことはないけれど、X線は透過できる。たとえば、水に飛びこんだときのことを想像してほしい。プールサイドから飛びこんでも、ふつうはあまり深くまではもぐらない。でも高いジャンプ台から飛びこんだら、エネルギー量が増えるので、ずっと深くまで水にもぐることになる。X線の働きもそのようなものだ。とはいえ、なにもかも透過するほどの強いエネルギーはなく、撮影機から出るX線は骨や歯などの硬い物質によって遮断される。だからX線写真を見れば、骨折しているかどうかがはっきりわかるのだ。

体の中を放射線が透過するわけだから、X線撮影はふつうの撮影とは方法が異なる。撮影には、X線を発する撮影機とX線をとらえて写真にするフィルムが必要だ。撮影機とフィルムのあいだに撮影される人が入り、体内を通り抜けたX線が、体の内部の情報をフィルムに焼きつける仕組みである。X線を遮る部分は明るく（白く）、あとの部分は暗く（黒く）写るが、撮影後にコンピューターで白黒を逆転させることもできる。そうすれば骨の部分は暗くなり、柔らかい部分は明るくなる。

X線写真の撮影では、照射するX線量（照射線量）の調整が可能だ。照射線量が多いほど、X線は簡単に物を透過することができる。つまり、硬い物質のX線写真を撮りたかったら、照射線量を多くする。柔らかい物質や薄い物質には、少ない量で十分足りる。アリーのすごいところは、照射線量の異なるものの上手な組み合わせ方を熟知している点だ。薄い花びらと硬い骨や歯を同時に撮影するにはどうしたらいいか、彼にはわかっている。

では、そのX線写真を見てみよう。

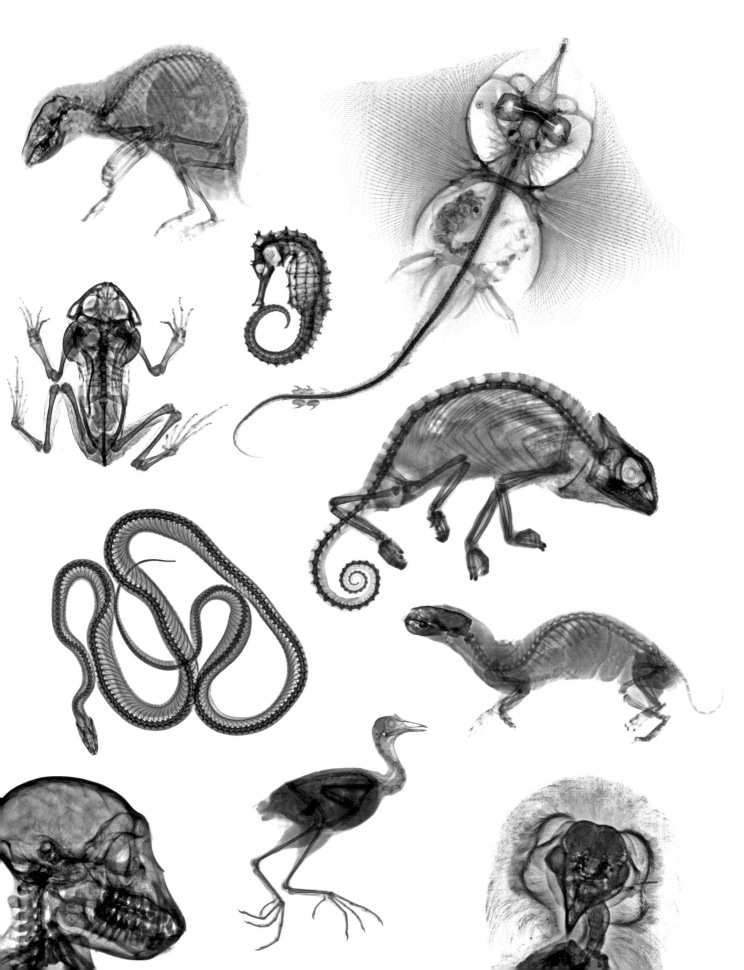

節 足 動 物

と

軟 体 動 物

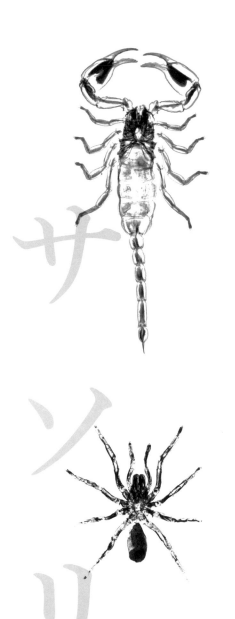

サソリ

なんて

かわいい！

この世界は不公平だ。クマの赤ちゃんは生まれてくるだけで、みんなに「見てごらん、ああ、かわいい！」と、いってもらえる。なのに、サソリをかわいいと思う人はあまりいない。見かけが怖いせいだ。しかし本当に、怖い生き物なのだろうか。遠い祖先は、たしかにそうだった。なにしろ、4億3千年前に歩きまわっていたサソリは、大きさが1mもあったから。でも、このサソリは？　もちろん、だいぶ違う。サソリについてもっと知ると、もうちょっとかわいいと思えるかもしれない。たとえばサソリに一番近いのは、どんな種類の動物だろう。タランチュラのようなクモ類？　ハエやスズメバチのような昆虫類？　それともロブスターやカニのような甲殻類だろうか。よく見てほしい。

長いしっぽを隠し、もう片方の手で、巨大なはさみを押さえると……なにに見える？　そう——サソリは、ロブスターより、クモに近い節足動物なのだ。「でもクモの脚は10本じゃなくて、8本のはず」だって？　じつは、サソリの脚も8本で、前脚のような「はさみ」はあごからのびた触角だ。正式な名称は「触肢」。触肢は本物の脚とは違い、サソリのあごの横から出ている。サソリの遠い親戚のタランチュラにも、頭の横に2本のツノが、つまり触肢がついている。

だから、サソリはさほど怖くない。でも、危険だろうって？　たしかに、バッタやゴキブリの立場だったら危ない。サソリはしっぽの先にあるハリから毒を出して、そんな獲物にすばやくとどめを刺すのだから。しかし人間にとってたいした害はない。何百種類もいるサソリのうち、人間を死にいたらしめるのはほんの数種類だけ。しかも、サソリはわけもなく刺してはこない。刺すのは、命の危険にさらされたと感じたときに限られる。たいていの場合、ハチやスズメバチに刺されるより、サソリのほうがずっとましだ。これで、サソリがだいぶ身近になっただろうか？　いや、まだなっていないって？　子どもが十分大きくなるまでサソリの母親はずっとおんぶして育てるほど子煩悩だといっても、だめだろうか？　だったらまあ、サソリは怖い、ということにしておこう。

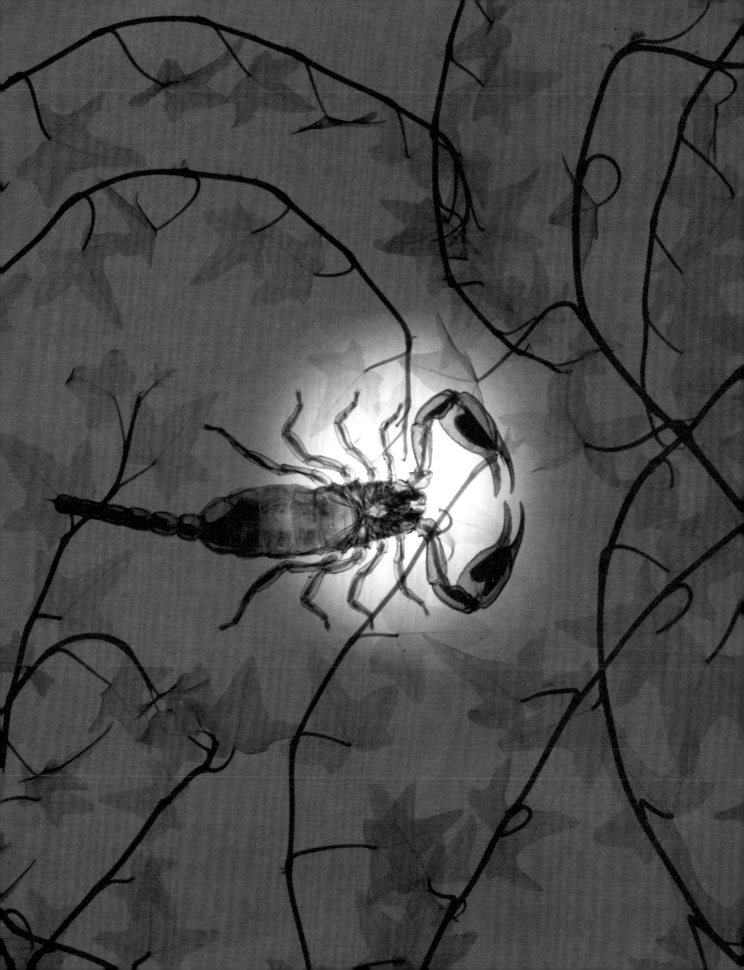

クルマエビ

クルマエビは、泳ぐ騎士だ。鋼鉄のように硬い鎧で身を包み、長いムチを武器に持つ。ムチの部分は、実際にはまったく害のない触角だが、そんなことはどうでもいい。肝心なのは、体の内側に骨格がある私たち人間とは違って、クルマエビの骨格は外側にある点だ。見てのとおり、体の内側には骨のかけらもない。しかし別に変わっているわけではなく、地上にいる大多数の生き物たちは、こんなふうに外側に鎧をつけている。エビやサソリはもちろん、クモ、スズメバチ、ハエやほかの虫も。カタツムリやナメクジだってそうだ。

では、なぜ人間は体の内側に身を守る骨格があるんだろう？ と思うかもしれない。ヘルメットみたいに頭蓋骨が体の外側についていたら、頭をたたかれてもあまり痛くないのに、とか、心臓や肺を守るため、肋骨の代わりに外側に防弾チョッキをつけていたら、そのほうが便利じゃないかって。ふむ……でも生まれてから今までに、いったい何度、防弾チョッキが必要になったかというと……たぶん一度もないはずだ。しかも、そんなチョッキには少なくとも2〜3kgの重さがあると思えば、メリットよりデメリットのほうが多そうだ。騎士の鎧はすごく重いものだし、さらに体の成長に合わせて、鎧も一緒に成長しないといけない。外側の骨格、つまり「外骨格」をもつ生き物はみな、大きくなるとき、頑張って脱皮する必要がある。そう考えると、人間の体はそれはそれでうまくできていて、文句のつけようもない。クルマエビだって、骨の代わりに身を守るものがやはり必要なのだから、満足しているはずだ。

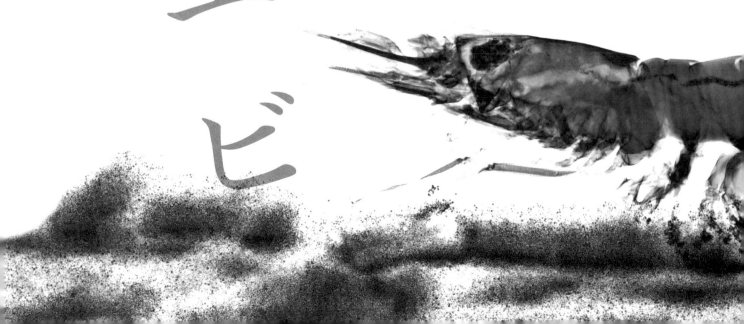

しかしクルマエビは、残念ながらあまりX線写真向きではない。こんなに硬い外骨格があると、体の内側はほとんど見えないからだ。X線は柔らかい部分を透過し、硬い部分では遮られる。だからこの写真では、上半身からしっぽまで貫いている黒い線以外は、体の内側がよくわからない。線の正体はクルマエビの腸だ。腸は柔らかい部分だが、硬い食べ物のカスでできた糞が詰まっていれば、はっきりと見える。クルマエビの腸はすごく長く見えるけれど、人間の腸も負けてはいない。人間の場合は、お腹の中に巻かれて収まっているだけだ。

クルマエビの内側は、あとはたいして見るものがない。だから、外側の脚をちょっと見てみよう。エビは十脚目、つまり脚が10本ある生き物だ。数えてみよう。1、2、3……17、18、19……おや？　脚が20本ある！　前側に長い脚が5組、後側に短い脚が5組。でも、こんなに多くの脚が水中で役に立つだろうか？　水の中では歩かなくていいし、泳ぐためのヒレのほうがかえって役に立つのでは？　ご名答。

下の写真をもう一度見てほしい。この脚がぜんぶ、歩くための脚というわけではない。後ろ脚は「泳ぐための脚」、いってみればヒレなのだ。そして20本の脚のうち、ヒレ代わりの10本の脚を引き算すると、残りは10本。でも、その本物の脚でなにをするかというと……やはりその脚を使って歩くわけだ。海の底を探索したり、脚でなにかをつかんだり、砂を掘ったりする。用事がないと、クルマエビは砂の中でじっとしている。そこなら姿を隠せるから。丈夫な鎧があっても、その鎧であらゆる捕食者から身を守れるわけではない。こんなエビを、まるごと一気に飲みこんでしまう生き物だってけっこういるのだ。

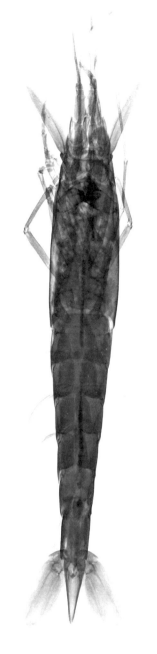

水 中 の 騎 士

マルハナバチ

ファッションは移り変わる。くびれた腰がかっこいいとされる時代もあって、当時の女性はコルセットでぎゅうぎゅうと腰を締めつけていた（息ができなくなるくらい！）。女性のそんな細い腰は、「ハチのように」くびれた腰といわれる。ハチのなかでもスズメバチは、たしかにそんな体型の持ち主だ。ところで、ここに写っているのは、スズメバチにも見えるが……正解はマルハナバチ！ ふわふわな毛におおわれたマルハナバチは、ふだんの見た目はかなりずんぐりしている。X線写真によって、スズメバチと同じような体つきだと初めてわかるのだ。

ハチは腰が細くくびれているため傷つきやすい。マルハナバチは胸の部分と下半身とが、わずかな筋肉とほんの少しの外骨格で結びついているだけだ。頭と胸も同じで、実際、頭と胸と下半身は3つのぶらぶらする体節にわかれている。

壊れやすそうな体を見ていると、人間はハチじゃなくてよかったとしみじみ思う。それでもひとつ、人間が羨ましくなるものをマルハナバチはもっている——頭につけた触角だ。iPhoneより数千倍小さいその触角で、触れて感じたり、味見したり、聞いたり、匂いをたしかめたりできる。もちろんWi-Fiの受信はできない。しかし、マルハナバチにしてみればまったく問題じゃない。大事なのはNETFLIXではなくて、花の蜜なのだから。

ブンブン飛ぶ砂時計

飛行機の設計者は、最高で時速7000km超を出せる機体までつくってきた。給油なしで世界中を飛べる飛行機、レーダーに映らない飛行機、500名の乗客を運べる飛行機も。でも人間は、トンボ並みに自由に動ける飛行機を設計できたためしがない。飛行機の設計者はみな、トンボに嫉妬しているだろう。トンボはものすごい速さで、前にも後ろにも、上下左右にも行けるのだから——あっというまに、何度でも方向を変えられる。戦闘機だってこんな芸当はできない。トンボは方向転換だけでなく、もっとも速く空中を飛ぶことのできる昆虫の一種であり、おまけに大の旅好きで、数千kmもの距離を移動する仲間だっている。

トンボの技術は奇跡なのだ。写真をちょっと見てほしい。秘密は4枚の翅に隠されている。上半身の黒くて太い2本の筋も見えるだろうか？　この筋がトンボの超強力な胸筋だ。これを使って、4枚の翅をそれぞれ別に動かせるので、空中でどんな曲芸も演じることができる。そしてあらゆる飛び方をするあいだ、まっすぐなしっぽでバランスを取っている。そうしなければ、トンボの体は、曲芸を披露するあいだにバラバラになってしまうだろう。

複雑な飛び方をコントロールするには、かなり大きな脳みそが必要だと思うかもしれない。だが実際には……トンボの頭を見てほしい。そのコックピットは、ほぼ目玉でできている。トンボはものすごく視力がいい。どんな獲物も、トンボの視力と飛行能力から逃れるすべがない。成虫になったとたん、飛行訓練を一度も受けていなくても空中曲芸ができる。生後数か月間、トンボはヤゴの姿、つまり翅のない短い体で目も小さなまま、水の中を動きまわる。その後大事な中身を外に出すために、何度か脱皮を繰り返す。ついにヤゴの皮が破れて頭が現れ、次に翅が現れ、望遠鏡のようにまっすぐなしっぽの部分が外に出てくる。こうして、空を探索する準備ができるのだ。

トンボ
生まれながらの
アクロバット飛行士

さてここで、曲芸が得意なこのパイロットは私たちの味方だ、とお知らせしたい。トンボは、人間にとって地上最大の敵と戦っている。といっても、トラやワニを相手にするわけじゃなくて……蚊をやっつけているのだ。一部の蚊はマラリアのような病気の原因となるし、蚊が媒介する感染症による人間の死者数は、大型の捕食動物による死者数の合計よりずっと多い。1匹の大きなトンボは、一日で数百匹の蚊を食べる。トンボくんに感謝！ トンボが人を刺すというのはとんでもないつくり話で、トンボにはハリがないし、口だって人間の肌に咬みつくほど丈夫じゃない。空中にいる獲物を、トンボは巧みに6本の脚でつかむ。上半身についている短いストローみたいな脚で。

とにかくトンボは非常に賢いし、それは別に不思議なことではない。「時間」という助けを得ているのだから。つまりトンボはここまで進化するのに、約3億年もの年月をかけてきた。トンボに比べたら人間は、まだまだ飛行機の発明段階にいるようなもので、ひょっとしたら3億年後には、ものすごい機体をつくっているかもしれない！

イモムシ は スポーツジムに 通うのか？

チョウ

自然のなかでチョウに出会うと、印象的で色とりどりの魅力的な翅にすぐ目を惹かれる。鮮やかな色彩の、まるで空飛ぶ広告看板のようだ。でもX線写真では、そうした色や模様はわからないから、ほかの部分を観察するのにちょうどいい機会だ。たとえば、チョウの翅が、体に比べてどんなに大きいかわかるだろうか？ イモムシとして暮らしたあと、翅を広げてチョウの姿で飛べるようになるには筋肉をかなり発達させる必要がある。だからチョウの体は、イモムシの体とまったく違っている。まるでサナギの中にいるあいだに、スポーツジムに通って、ボディビルで鍛えあげたようだ。

もちろん、翅はとても軽い。そして、軽いうえにすごく丈夫で、非常にうまい仕組みになっている。翅のあちこちに見える筋のような線は、翅脈だ。羽化のあと、この管に体液がいっぱい送られて、チョウの翅をぴんとさせる。ゴムボ

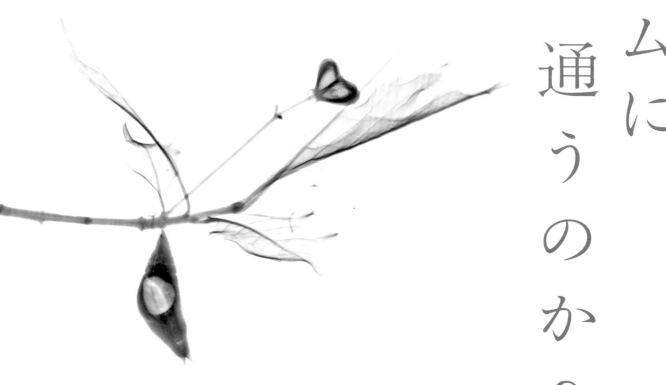

ートにポンプで空気を入れてふくらませるようなものだ。そして翅が少し裂けたとしても、この強力な翅脈がそれ以上裂けるのを防いでくれる——ステンドグラスの構造のように。ふつうの窓は石を投げこんだら、一気にヒビが広がって壊れてしまうが、ステンドグラスなら小さなガラスのかけらをつなげてできているので、一部が割れるだけ。あとの部分にはまったく支障がない。チョウの場合も同じなのだ。翅の破れた部分は、決してもとにはもどらないのだから、この仕組みはじつにありがたい。

さらにチョウの翅は、飛ぶのに使われるだけではなくて、太陽光パネルの働きもある。チョウは冷たい気候が苦手で、体温が28度以下になると飛べなくなってしまう。けれども太陽が翅を照らすと、温められた体液が管を通って筋肉に流れ、また飛べるようになる。翅の美しい模様だけに気を取られていると、こういったことをつい見逃してしまう……。

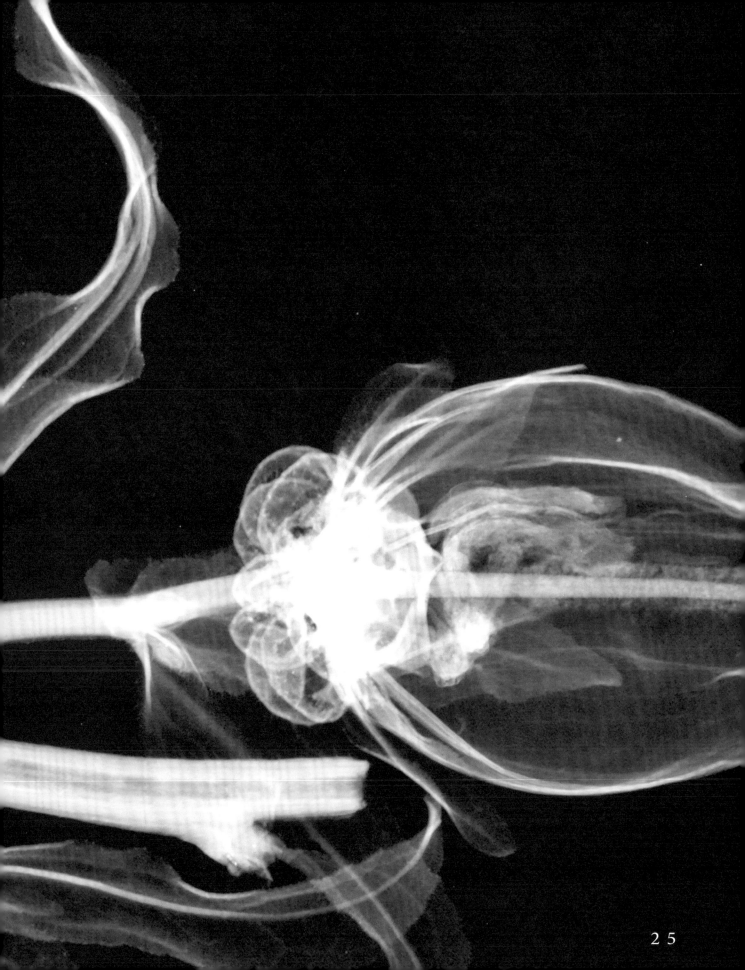

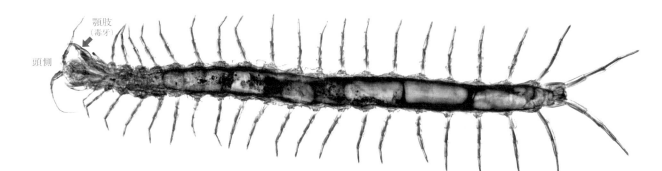

顎肢（毒牙）

頭側

ムカデ

「ムカデ（百足）」という名を思いついた人は、なんでもおおげさに表現する人か、数えるのがものすごく苦手だった人に違いない。いくら数えたって、右の写真のように、脚は32本しか見あたらないのだから。上の写真のように、余計に脚がついている種類もあるけれど、これだってとても100本には及ばない。頭のすぐ横についている2本の脚は「顎肢（毒牙）」といいほとんど目立たないが、この2本には要注意だ。なにしろここに毒があって、ムカデは咬むことがあるし、咬まれたらひどく痛い。だが、待てよ……その脚がほぼ首のあたりからはじまるとしたら、上半身はどこにあるんだろう？　そんなものはどこにもない！　つまりムカデは、頭に脚がついただけの生き物なのだ。「脚の生えた危険な頭」ということになる。

ムカデは虫の世界で、人間界のトラやライオンに匹敵する存在である──そのぐらい動きがすばやい殺し屋なのだ。ムカデは昆虫だけでなく、ナメクジやミミズなども食べるし、共食いさえする。砂漠では、小型の齧歯類まで食べて生きている！　もちろん鳥類のように、ムカデを好んで食べる生き物もいるが、ムカデはそう簡単には捕まらない。たとえば一番後ろの脚はずいぶん長くて、まるで頭に生えた触角のように見える。ムカデの種類によっては、体の前と後ろの見分けがつかないほどだ。そのため捕食者はすぐに間違えてしまう。そして後ろから誤って襲うと、顎肢で咬まれるのだ。

ムカデには、さらに別のスゴワザまである。鳥が自分の脚を捕らえたら、ムカデはその脚を体から切り離し、大急ぎで逃げるのだ。で、鳥はくちばしに脚をくわえたまま取り残される。いっぽうのムカデは、歩くのに十分な脚が残っているうえ、なくした脚も再び生えてくる。とはいえ、何度も何度も鳥にやられれば、"百足"ぜんぶなくなってしまうかも……。

脚の生えた危険な頭

「ターザン、じっとして！」「寝たままでいて、トフィー」
自分の家のネコやイヌの写真を撮るのは、なかなか大変だ。動物は
じっとしていないし、写真を撮ろうとした瞬間、逃げてしまう。動物の
X線写真を撮るのは、さらに大仕事になる。なにしろ長いあいだ動
いてはいけないのだから。ただし1種類だけ、写真を撮りやすい生
き物がいる——カタツムリだ。

だが、この写真ではなにが見える？ 硬い外側と柔らかい内側をも
つカタツムリは、じつに軟体動物らしい生き物だ。カタツムリには心
臓があるけれど、X線では見えない。腎臓も胃も見えない。目のつ
いた触角と、這うのに必要な脚以外、体の器官はなにひとつ見えな
いのだ。それでも……どこに臓器があるのか知っていれば、あること
に気がつく。臓器はすべて、カタツムリの「家」に守られた部分の中
だということ。つまり、一番大事な部分はしっかりと守られている。そ
れは私たち人間の体でも同じ。心臓は丈夫な肋骨の奥にあるし、脳
は厚い頭蓋骨で守られている。カタツムリにとって、脳は人間よりも
重要ではないので、無防備なまま頭の中にあるけれど。

人間とカタツムリは、とにかくかなり違っている。たとえば、カタツム
リは「外套膜」という器官によって殻を成長させる。粘液におおわれ
ているナメクジとは違って、カタツムリは、外套膜で完全な家（＝殻）
をつくる。私たち人間には外套膜はないが、それでよかったのだ。だ
ってある日突然、背中に家が乗っていたら……!?

カ
タ
ツ
ム
リ

もっとも柔らかい軟体動物

魚　類

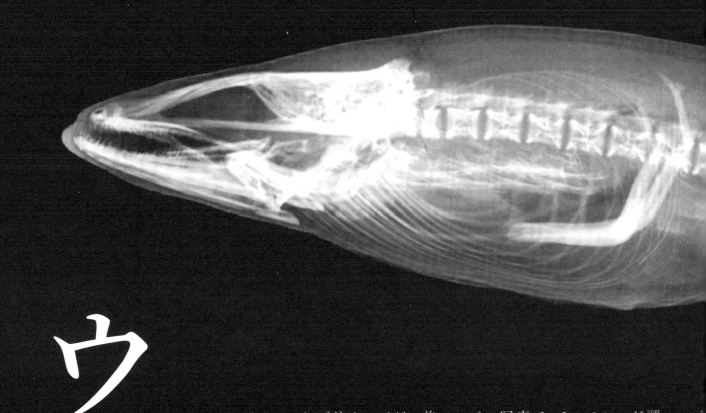

ウナギ

ウナギは、いわば泳ぐヘビだ。前ページの写真で、2つのヒレが頭のすぐ横についているのがわかるが、もしもそのヒレがなければ、ヘビによく似ている。前ページの2匹のうち、上のほうのウナギを見ると、しっぽは薄くてぺたんこだ。このしっぽが前に進むのを助け、小さなヒレだけで泳がなくてすむ。すばやく泳げないことも大問題ではない。ウナギの食べ物──ムール貝、魚卵、幼生など──は、たいていじっとしているので、超速の殺し屋である必要はないのだ。

だが、このぐにゃぐにゃと長い体型になったメリットはなんだろう？ヒレはもっと大きいほうが、泳ぐのに便利ではないだろうか？ とはいえ、ウナギはだいたい水底で暮らしている。このスリムな体のおかげで、狭い水路やすきまでも簡単に体を隠せるし、どこでも食べ物を探しだせるのだ。上の写真を見ると骨の下にある長い腸管もわかる。ウナギはアシの茎や水草、石にも体を巻きつけられるし、泥に体を沈めることもできる。ちょっと隠れたいとき、この姿はじつに都合がいい。動きの遅いものほど、隠れ上手というわけだ。

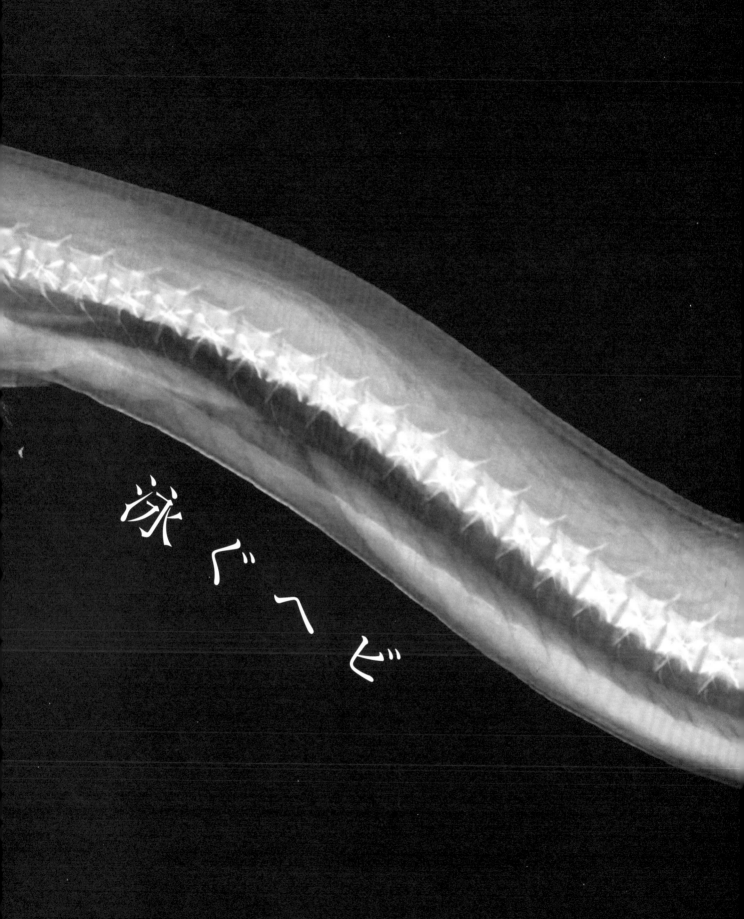

泳ぐヘビ

魚に小骨はつきもの

マナガツオ

昆虫も、カタツムリも、骨がない。骨があると体がどうしても重くなるので、こうした生き物は骨をもたない方向に進化した。でも私たち人間の場合は、まったく話が別だ。立ちあがろうとしても、骨が1本もなかったら、どうやって体を支えるのだろう？ どんなに努力しても、立つのは無理だ。腕を伸ばして重い荷物を持ちあげようとしても、骨がなかったら？ やはり人間には骨が必要なのだ。

いっぽう、このマナガツオは立ちあがる必要はないし、水の中をすいすい泳ぐだけだ。魚は、人間のようにスーパーマーケットで買い物をしないし、重い荷物を運ぶ必要もない。それでも、魚の骨格はちゃんと役に立っている。骨には、いろいろと重要な役目があるからだ。たとえば、骨と筋肉がつながることで体を動かせる。矢を射ようと思ったら、弓に弦を張っておかないといけない。そんな道具も、「骨」となる支点があってこそ、初めて役に立つわけだ！

骨には脳や内臓を保護する役割もある。X線写真では、こうした骨の構造がよくわかる。黒い線や斑点がこの魚の骨だ。このマナガツオで、一番暗く見えるのはどこだろう？ そう、目のすぐ後ろの脳のある部分。そこに一番太い骨があり、これはどの魚にも共通している。脳から出ている背骨や椎骨の中には、脳の分枝である神経がたくさん通っている。神経は非常に重要なので、骨の層でしっかり守られているわけだ。だから、どんな魚でも背骨をたどれば脳の位置がわかる。魚の場合、首がなく背骨は頭蓋骨にしっかりとくっついていて、体を回せば、頭も自然に回る仕組みになっている。

こんなにたくさん小骨がある魚を食べるのは、大変だ。でも魚を食べながら、それぞれの骨の役割を考えてみると、面白いかもしれない。

ローチ（コイ目の淡水魚a）とパーチ（スズキ目の淡水魚b）

「魚の絵を描きなさい」といわれると、たいていこの写真のような魚の形になってしまう。魚にはいろんな形やサイズがあるから、じつはどんな形を描いたって大丈夫。丸いのや細長いの、平らなやつ、ふくらんだやつ、すべすべのものや、ひらひらのついたもの――どんな魚だって存在する。魚の絵に失敗作はない。なにしろその失敗作と、うりふたつの魚がきっといるのだ。とにかく種類も形もいろいろなはずなのに……このX線写真のローチとパーチは、なぜかほとんど同じ形に見える。

このX線写真では、浮き袋がはっきりとわかる。それは、背骨の下にある明るい部分だ。浮き袋は小さな薄い袋で、風船のように気体を入れてふくらませることができる。気体がいっぱい入ると、魚たちは水面のほうへ浮かぶ。下に沈みたければ、膀胱から気体を逃がす。そんなふうに体が水と同じ重さになるよう調節しながら、沈みすぎたり、水面に浮かびすぎたりしないようにするのだ。

魚の形は、その魚の生き様をよく表している。ローチやパーチの形は、捕食者に多く見られるものだ。典型的なハンターではないけれど、昆虫などを食べることもある。流線型の体は、水中をすばやく移動するために役立つ。もちろん追いかけられたときにも。

ヒレもまた骨格の一部で、前進するために、そして体を支えるために大切だ。たとえば、上部にある背ビレは体が左右に揺れるのを防いでいるし、お腹のヒレは上下にひっくり返るのを防いでいる。背骨の下には胸ビレがあり、これは方向を変えたり、動きを止めたりするのに役立つ。後ろの尾ビレはメインモーターと同じだ。この尾ビレを動かすことで大きく勢いをつけて、魚はぐんと前に進む。

たとえ魚の絵を失敗しても

36

ここにいるのはハンター、つまり捕食者だ……。右の写真のオニカマスが、矢のように速く動けるのは、姿形からわかる。こんなに体が細長い魚だと、もちろん長い浮き袋が必要になる。そうでないと、上半身は浮かんでいるのに下半身が沈んだり、その反対もありえるからだ。オニカマスはただスピードが速いだけではなく、不意打ちが大得意である。水中ではじっと静かにしているので、ほとんどまわりに気づかれない。そして獲物が近づいてきたとたん、飛びだしていく。

こうした獲物の捕らえ方は、細長い体の魚すべてに当てはまる。たとえば、下の写真のガーフィッシュもそうだ。銛（モリ）によく似た姿で、美しい流線型をしている。しかし長時間スピードを保つためには、魚も船と同じで、強力な舵、つまり大きくて硬い尾ビレが重要となる。だから泳ぐのがもっとも速い魚は、流体力学的な形状と力強い尾ビレをあわせもつ、カジキやマグロなのだ。

スピードダイバー

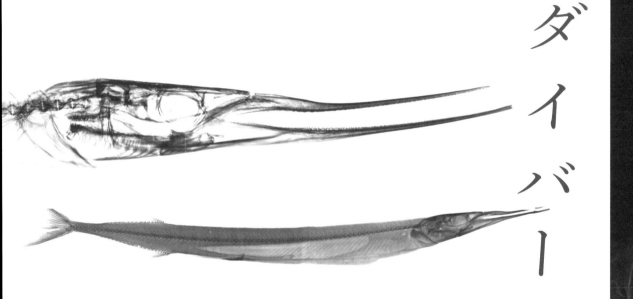

オニカマス

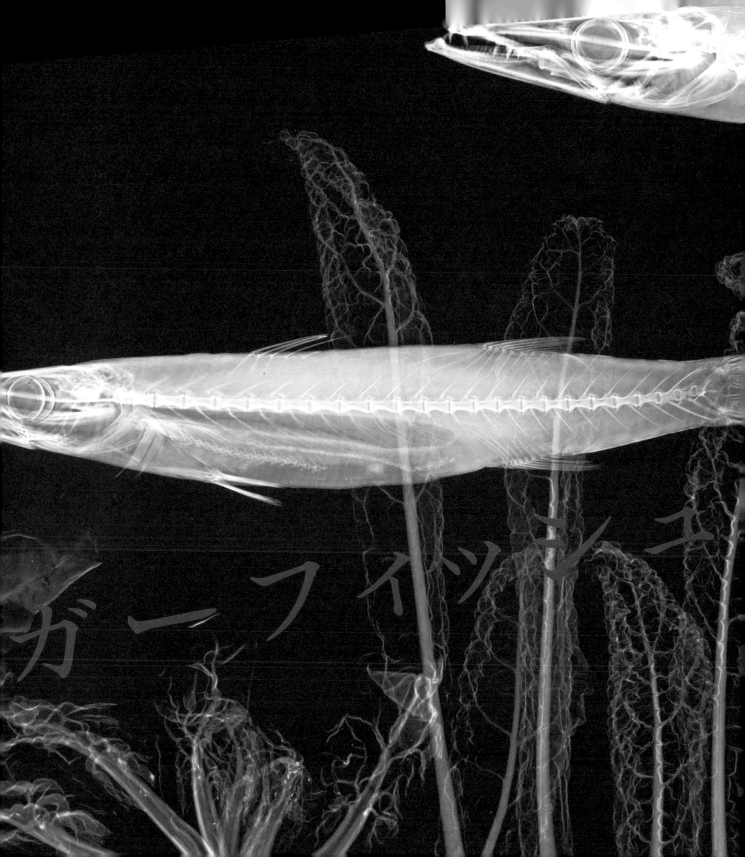

ガーフィッシュ

ハナカケトラザメは、ほかの魚ほど流線型ではないけれど、大きなヒレで水を力強くかくことができる。しかもその筋肉は骨だけでなく、皮膚にもついている。なぜかって？　このサメの骨と、ほかの魚の骨を比べてみてほしい。サメは体のつくりがほかの魚とぜんぜん違っていて、椎骨以外の骨がほとんどないのだ。

また、ハナカケトラザメを含むサメ類は浮き袋をもたない。前ヒレの隙間に空気をたっぷり取りこんでゆっくりと泳ぐサメもいれば、大きな肝臓に油（肝油）を蓄えて浮き袋の代わりにしているサメもいる。肝油は水より軽いので、空気と同じような役目を果たしてくれるのだ。では、ハナカケトラザメはどうしているかというと……ただ、底に沈むだけ。海底すれすれのところにいるのがお気に入りらしい。それでも上に行きたくなったら、ひたすら泳いであがっていく。

ハナカケトラザメは超高速ではないが、人間よりはずっと速く泳ぐ。海岸のすぐ近くを泳いでいるが……人間には無害な生き物なので心配はいらない。ハナカケトラザメが食べるのは、おもに貝類やミミズ、

ハナカケ

ごくたまに小魚など。ほかのサメに自分が食われることはあっても、人間を食べることは決してない。

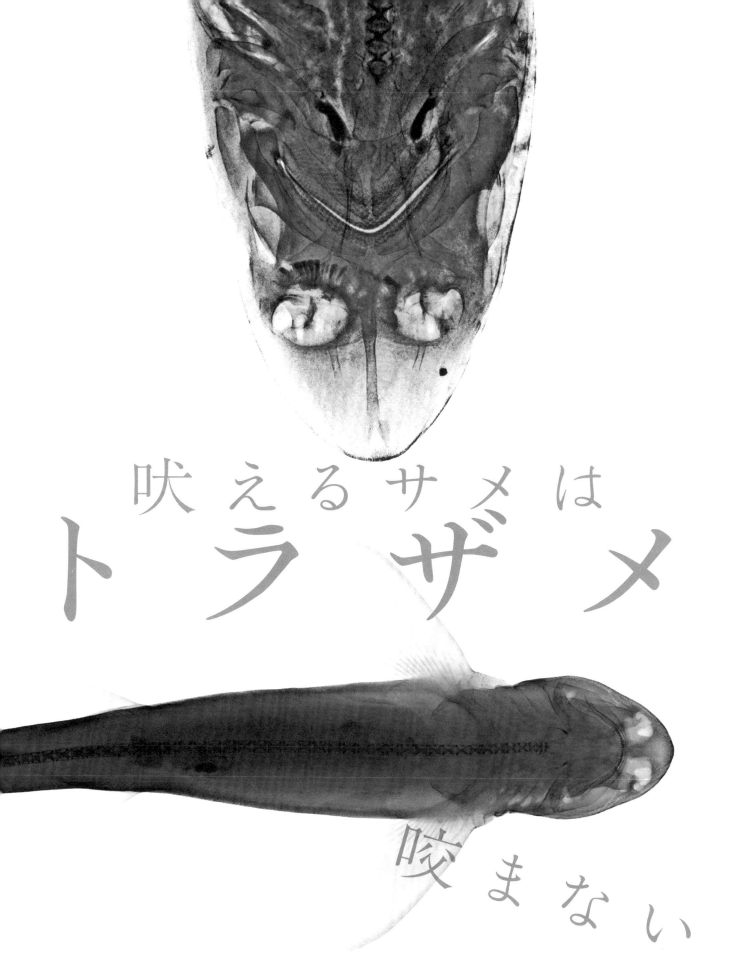

吠えるサメは**トラザメ**咬まない

捕食者は、必ずしも動きが早くなくてかまわない。マトウダイはどちらかというと、ずる賢いハンターで、後ろからそっと獲物に忍びよる。その際には、平べったい体が役に立つ。そして獲物に近づくと、攻撃をはじめる。といっても襲いかかるのではなく、すばやく、口を大きく開けるのだ。こうして、獲物ごと水を一気に吸いこむ。壁にとまった蚊を掃除機で一瞬にして吸い取るようなもので、相手は逃げようがない。

もちろん、マトウダイそのものも大きな魚の餌食になる。食ったり食われたり、海の中ではその繰り返しだ。しかし食べられそうになると、背中のトゲが身を守ってくれる。この生き物を丸呑みにする前には、十分に注意したほうがいい……。

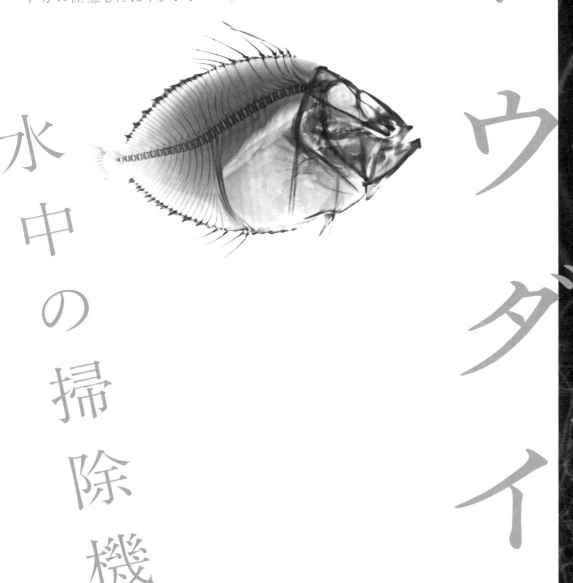

マトウダイ

水中の掃除機

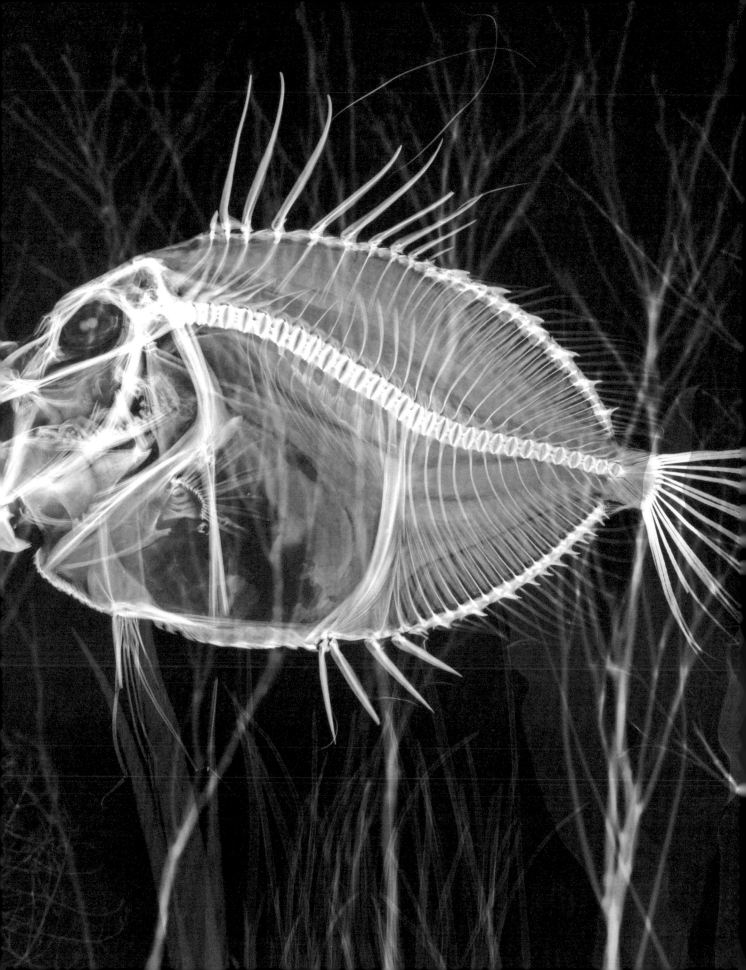

魚を釣る魚

← 疑似餌（エスカ）

アンコウ

アンコウもまた、水とともに獲物を飲みこむ典型的な捕食者だ。そのために抜け目のない手口を用意している。海底でカモフラージュして暮らすアンコウの姿は目立たないが、口をアップにした上の写真では、頭から釣りざおのように細長く伸びた突起と、その先端にある小さな塊が見える。先端の塊はまるで魚の餌そっくりだ（擬似餌）。突起を釣りざおのように動かして塊を水中でひらひらと漂わせ、寄ってきた小魚が食いつく前に、大きな口を開けて丸呑みする——だから釣りざおを使うのは釣り人だけではない。私たち人間が発明したものはほとんど、何百万年も前から自然界に存在していたものなのだ。

背骨は頭の真後ろからはじまっていて、アンコウの頭がほかの部分に比べてどんなに大きいか、よくわかる。さらに、目と口が上のほうを向いている数少ない生き物だ。人間は前方が見えないと、なんにでもすぐぶつかってしまうので、こんなつくりだと不便でたまらない。でも、海底にいるアンコウにしてみれば、生きるうえで重宝しているようだ。

ナマズにも、特別に大きな頭がある。そしてその頭には、とてつもなく
大きな口がついている。口が大きいということは、ほかの多くの生き
物にとっては、あまりありがたくない。なぜなら食べられるもので、口
に入るサイズなら、なんでも一瞬にして消えてしまうからだ――魚、
鳥、両生類、そして一部の哺乳類まで。

口のまわりにある突起は口ひげと呼ばれ、触覚の役割を果たす。し
かし、ナマズにはこれだけではなく、電気を感じることができる特別な
感覚器官がある。川や湖の泥の底に生息しているナマズには、その
ほうが便利なのだ。泥の底ではなにも見えないから、体内にある「電
流計」が重宝される。どんな魚も微弱な電流信号を発信しているた
め、それを利用してナマズはほかの魚がどこにいて、どちらに向かっ
て泳いでいるのか正確に察知できる。

ナマズは五感のうち嗅覚や聴覚も非常に鋭い。しかし、なかでも味
覚は敏感だ。なぜなら人間の場合、味を感じるのは舌にある味蕾だ
けだが、ナマズはこの味蕾を体中にもっているからだ。そんなわけで、
じつはナマズは泳ぎの得意な、どでかい「舌」であるともいえる。そ

どでかい舌

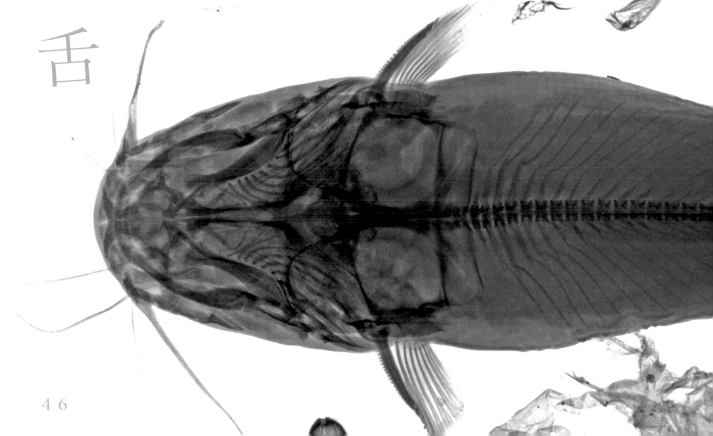

れで遠くからでも味を感じることができるのだ。説明しよう。魚類の分泌するさまざまな物質は水中を漂っている。ナマズはその物質を全身で味見して、舌なめずりをする。つまり獲物を電気的に感じたり、匂いを嗅いだり、見たりすることができなくても、遠くから味見することができるのだ！

そして人間はまだまだナマズには及ばない。なぜならナマズには、ほかの魚と同じように、人間にはないもうひとつの感覚器官、「側線」も備わっているからだ。写真では見えないが、エラから尾ビレの手前にかけて側線が入っている。その側線によって、ナマズは水圧や水流の変化、ほかの生き物による小さな振動を感じ取ることができる。

視覚、聴覚、嗅覚、触覚、遠くからの味見ができる味覚、電流の察知、側線……ナマズは感覚器官のオンパレードだといえよう。海の生き物では、ホホジロザメがもっとも危険な捕食者だが、湖や川ではナマズがその立場にある。これまでに全長2.78m、体重144kgの個体も発見されている。だから、ナマズの口に入らないですめば儲けものだ。入ってしまったら、もうおしまいだから。

ナマズ

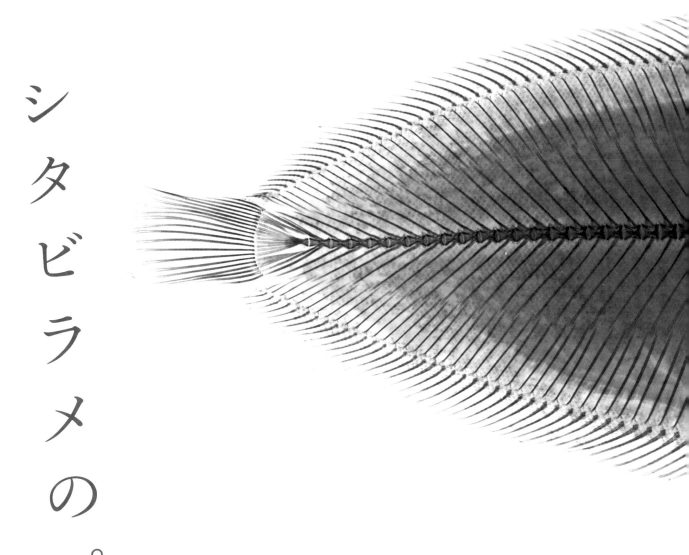

シタビラメのピカソ風

ナマズは全身に味覚をもっているが、「舌」と名前がつく魚は、たった一種類しかいない。それは……シタビラメだ。舌に似た形をしているからそう呼ばれている。とてもおいしいので、かなり高級な魚である。しかし、魚をたくさん仕入れても、食べにくる人が少なければどうなるだろう？　当然ながら、しばらくすると鮮度は落ちてしまう。何十年か前に悪い料理人が、シタビラメに甘い果物のソースをかけるという解決法を見出した。そうすれば、魚の鮮度には誰も気がつかないはずだと……。だから果物に彩られたシタビラメが、まるで有名な画家の作品のように見える「シタビラメのピカソ風」という料理は、絶対に注文してはいけない。

ところでこの写真が、魚を横から見ているのか、上から見ているのか、わかるだろうか？　横からといわれそうだが、それは間違い。写真は

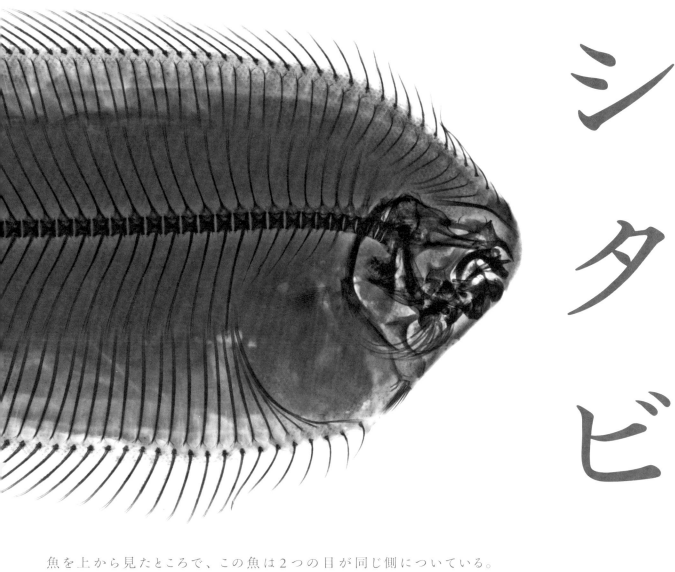

シタビラメ

魚を上から見たところで、この魚は2つの目が同じ側についている。まるで右目が2つあって、左目がないように見える。なので、写真のシタビラメ（ササウシノシタ）もピカソ風だといえる。ピカソは人間も動物もよくこんなふうに描いていたのだから。シタビラメは海の底に横になって暮らしているため、海底側の目が不要になってしまった。成長するにしたがい、片側の目の位置がもうひとつの目の位置に寄っていくと考えられている。目が2つとも同じ側についていたほうが、ずっといいのだ。

多くの魚は、鏡で映したように左右対称になっている。けれども写真のシタビラメは、どうだろう。この骨の多さは半端じゃない。まるで骨だらけだ。とはいえ、生活の条件に適応するよう、とてもうまく体ができている。いわばシタビラメ自体が、ひとつの芸術作品なのだ。

ゴムボールを思いきり強く、地面にたたきつけてみたら？　それと同じことを、家にある一番高価な骨董品でやったらどうなるだろう。ゴムボールは決して壊れないが、骨董品を壊したら親にはしばらく渋い顔をされるはず。硬いものは壊れるが、柔らかいものは壊れない。だから人はすぐに骨折したりするけれど、エイの骨は壊れたりしない。

エイやサメ、ほかにも何種類かの魚は「軟骨」をもっている。軟骨はとても柔軟性があって、ふつうの骨より曲がりやすい。壊そうと思ったら、かなり苦労しないといけない。人の体も、たとえば鼻や耳の中、関節のあいだなど、じつはあちこちに軟骨がある。鶏の膝（膝軟骨）を見れば軟骨がどんなものかわかる。軟骨は大きな骨と骨をつなぐ、丈夫でゴムのような組織なのだ。

このイトマキエイの骨格は、ほぼぜんぶ頭部のように見えるが、大部分がヒレでできている。ヒレは翼に似ていて、そのヒレのおかげで、エイは海面の外へと飛びだせる。ヒレはぜんぶ筋肉で、その筋肉を何千もの小さな軟骨がしっかり支えている。口のまわりには、巨大なあごも見えるはずだ。たくさんの小さな歯が何層にもついたあご。歯はとがってはおらず、平たくて、なにかを嚙みつぶすのに適している。日常的に貝やカニを食べているから、エイには丈夫な奥歯とあごが絶対に必要だ。かりに歯が１本抜けても、すぐに次の歯が生えてくる。

エイのなかには、毒のトゲがついたしっぽで身を守るものもいるが、イトマキエイのしっぽの毒性はそんなに強くない。このエイは人懐っこくて、撫でさせてもらえる水族館もあるくらいだ。別に、撫でられるようにはできていないのだが。

エイ

曲がるか
壊れるか

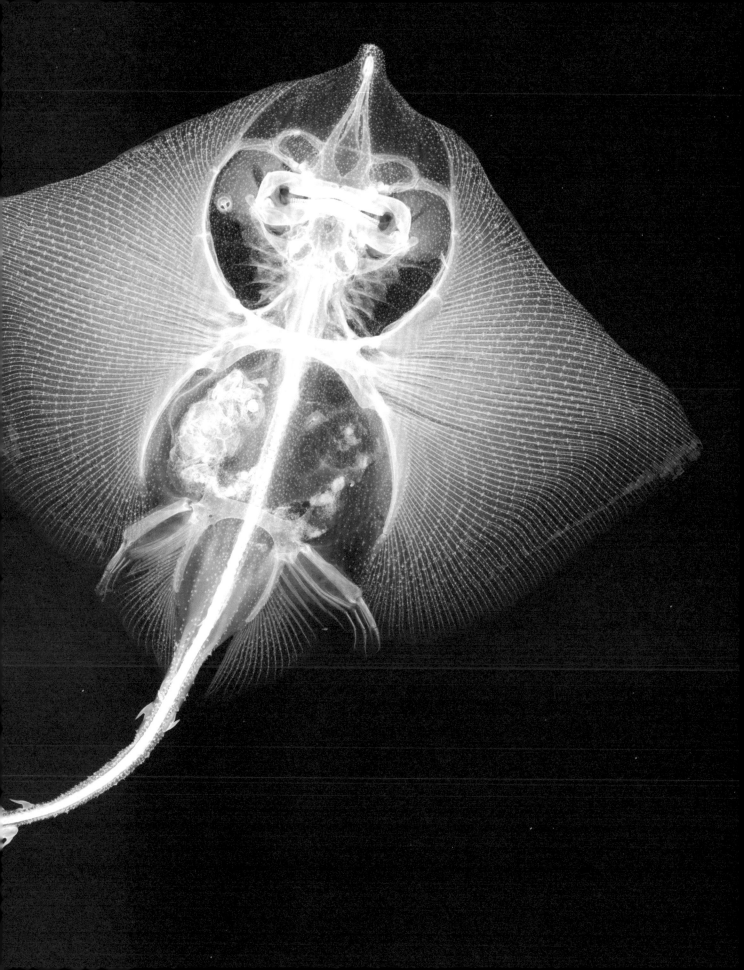

魚にはそれぞれ長所と短所があり、形もさまざまだ。大きいものや小さいもの、平たい魚、長い魚、短い魚もいれば、丸っこいものや、トゲトゲした魚、ツルツルした魚もいるし、ヒレも大きかったり小さかったりする。これでぜんぶの種類というわけでもなく、ほかにもまだまだいる。たとえばタツノオトシゴはどうだろう？　この魚はどのカテゴリーにも当てはまらない。つまり例外中の例外だ。

タツノオトシゴは内側だけでなく、外側にも骨がある。この写真でも、ボコボコの突起がわかるが、この突起が丈夫なパネルと合わさって身を守る鎧になっている。捕食者がなんとかその部分を突きやぶったとしても、今度は内側の骨と格闘するはめになる。写真の黒い部分はすべて硬い物質なのだ。食べるまでの苦労が多すぎるので、ほとんどの生き物はタツノオトシゴを食べずに放っておく。

例外的なところはまだあって、タツノオトシゴには食べ物を蓄える胃がない！　食べたものはそのまま腸へ向かう。そもそもタツノオトシゴは大量の食べ物が入らない小さな口の持ち主で、あごも動かないため、ただ吸いこむだけだ。そんなわけで常に食べていないと、十分なエネルギーが得られず、一日中、小さな生き物を食べ続けている。馬のように空腹、という言い回しが外国語にはあるが、タツノオトシゴは馬よりももっとずっと空腹なのだ。

例外的なところはほかにもある。お腹の中で卵をかえすのは、メスではなく、なんとオスである。卵がかえると、身重のオスは袋から何十ものタツノオトシゴの赤ちゃんを小さな雲のようにして吐きだす……まさに例外中の例外。いっぽうでアリクイに似た口、馬みたいな頭、昆虫の鎧や、魚のもつ骨、カンガルーの袋、クモザルのように丸まったしっぽを見ると、タツノオトシゴは例外ではなく、いろんな動物の寄せ集めと考えてもよさそうだ！

タツノオトシゴ

例外中の例外

両 生 類

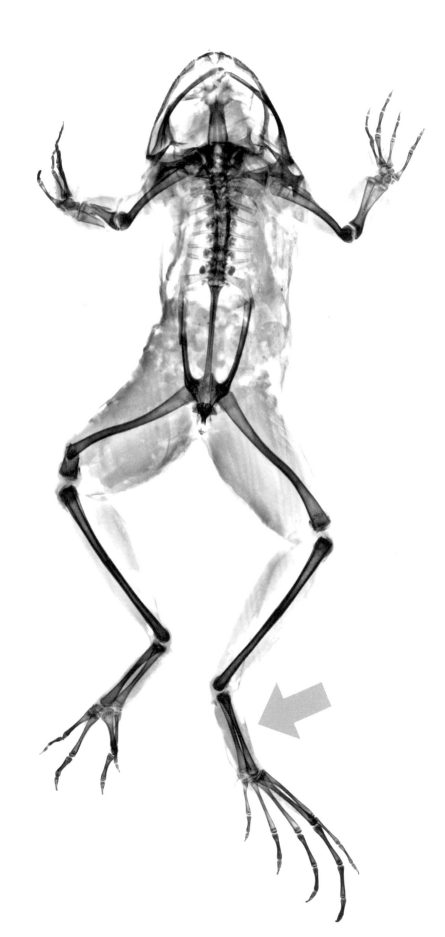

ワライガエル

（アカガエルの仲間）

おとぎ話には、王子様に変身するカエルがよく出てくる。それはおとぎ話の中だけのこと。だが現実を考えると、カエルはすでに一度、ドラマチックに変身しているから、たしかにもう一度くらい、姿を変えられるのかもしれない。すべてのカエルは卵から生まれ、魚みたいなオタマジャクシになったあと、小さな奇跡が起こる。体の真ん中あたりから、後ろ脚が2本生えてくるのだ。続いて、小さな前脚も2本生えてくる。しっぽは少しずつ短くなっていき、古いしっぽの部分から体の残りがつくられる——まるで極小のレゴブロックを組みかえるみたいに。その後、どんどん成長して、まもなくカエルの姿になる。泳ぎ上手が、今度は跳びはね上手になる。

地面に座っているカエルは、硬く巻かれたバネのようなものだ。脚を伸ばしたとたん、砲弾みたいに前へすっとんでいく。脚のバネの勢いを利用して遠くまで行ける。それができるのは、特別に長い後ろ脚の持ち主だからだ。前脚があり、後ろ脚があり、そしてえーと、後ろ脚にはふくらはぎと指までのあいだにも骨があるような？　なるほど、そう見える。じつはカエルの「中足骨（←）」は2本あってとても長く、まるで後ろ脚の骨が1本多いように見えるのだ。カエルがぴょーんと空中を跳ぶと、2本の脚は、つま先まで続く長い流線型のアーチを描く。

ほかの体の部分も、跳躍のためにつくられている。多くのカエルは、自分の体の約20倍の距離を跳ぶことができる。人間にそれができれば、バスを簡単に飛び越えられるだろう。しかもカエルの体は、安全に着地できるようにつくられている。丈夫な肩甲骨によって、着地するときに受ける前脚の衝撃を和らげることができるのだ。軽量化のために肋骨はなく、丈夫な突起が短い背骨の左右についている。この突起は姿勢を維持する背筋の中に埋もれ、筋肉の力を腰椎に伝える役割をもつ。骨盤の中央には背骨から続く「尾骨」があり、その左右にはV字型の「仙骨」がある。この仙骨が跳ぶときにお腹のほうへ動くと後ろ脚の各関節が伸びて、より大きな跳躍力を生みだす。このようにカエルの骨は軽くて、しかも体をうまく保護している。

なぜカエルは王子よりも賢いのか

跳びはねることが得意になったとはいえ、カエルは泳ぎ方だって忘れてはいない。右の写真のワライガエルもそうだが、ほとんどの種類のカエルには、水中で前進するための便利な水かきが後ろ脚に残っている。前脚には水かきがなく、4本の指で物をつかむことができる。とくに木登り好きなカエルにとっては、陸上ではそのほうが便利だ。カエルはみな、申し分のない体をしている。カエルたちは、王子様に変身しなくてよかったと思うに違いない。なにしろ、ほとんどの王子は、自分たちとは比べものにならないほど不器用なやつらだから。

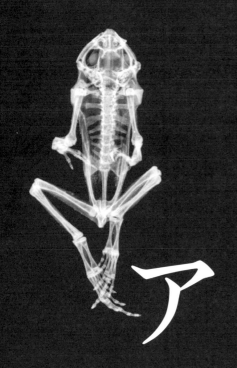

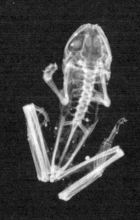

アマガエル

右の写真では、アマガエルの骨が1本ずつはっきりと見える。そして、頭の中で、目がずばぬけて大きなことにすぐ気がつくだろう。砲塔のように、両目がいいぐあいに飛びだしている。そのため視野が広く、このカエルは前も後ろも、横もぜんぶ見えるのだ。また、頭の外側の縁に歯があることもわかる。ほとんどのカエルは上のあごにしか歯がない。カエルの舌は私たちのように喉からではなく、口の途中からはじまっている。それで、思いきり遠くまで舌を伸ばせて、ものすごい速さで虫を舐めとれるのだ。でも、その舌が必ずしも便利とはいえないこともある……。

口の前方にしかない自分の舌で、パンを食べるところを想像してみてほしい。そのパンを、どうやって飲みこんだらいいのだろう？ とても無理だ！ しかし、そこで役に立つのが、あの巨大なカエルの目玉。口の中の食べ物を奥にやるために、カエルは目を閉じる。すると、食べ物が喉に押しこまれ、飲みこむことができるのだ。胃袋より大きな目玉は、こんなふうに役に立つこともある。

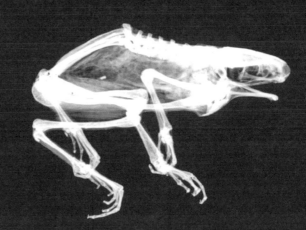

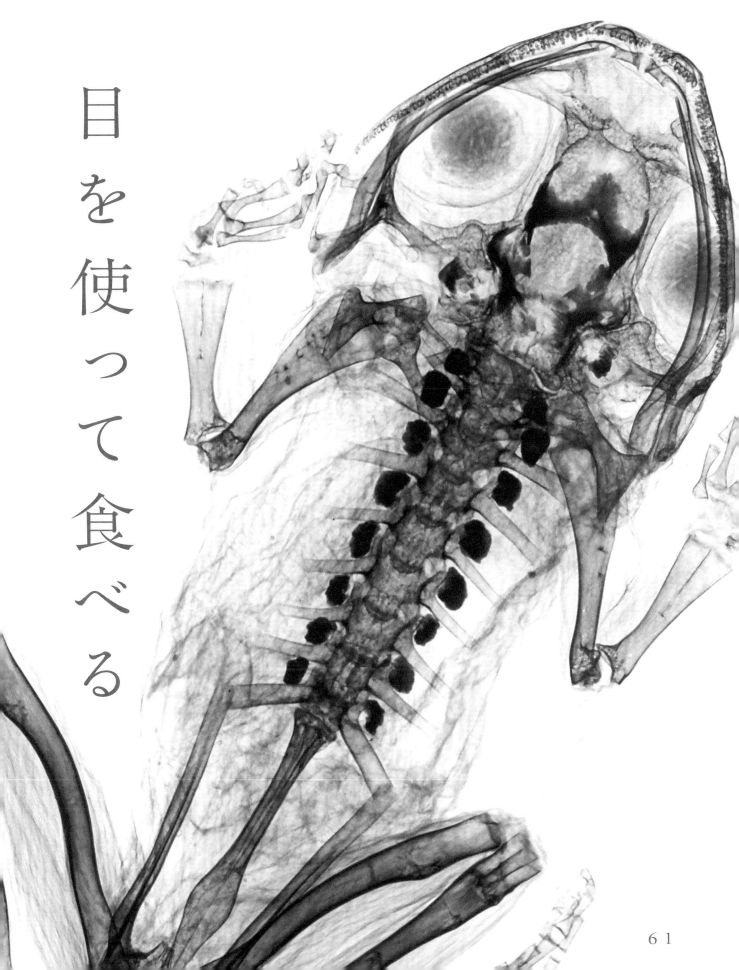

目を使って食べる

爬 虫 類

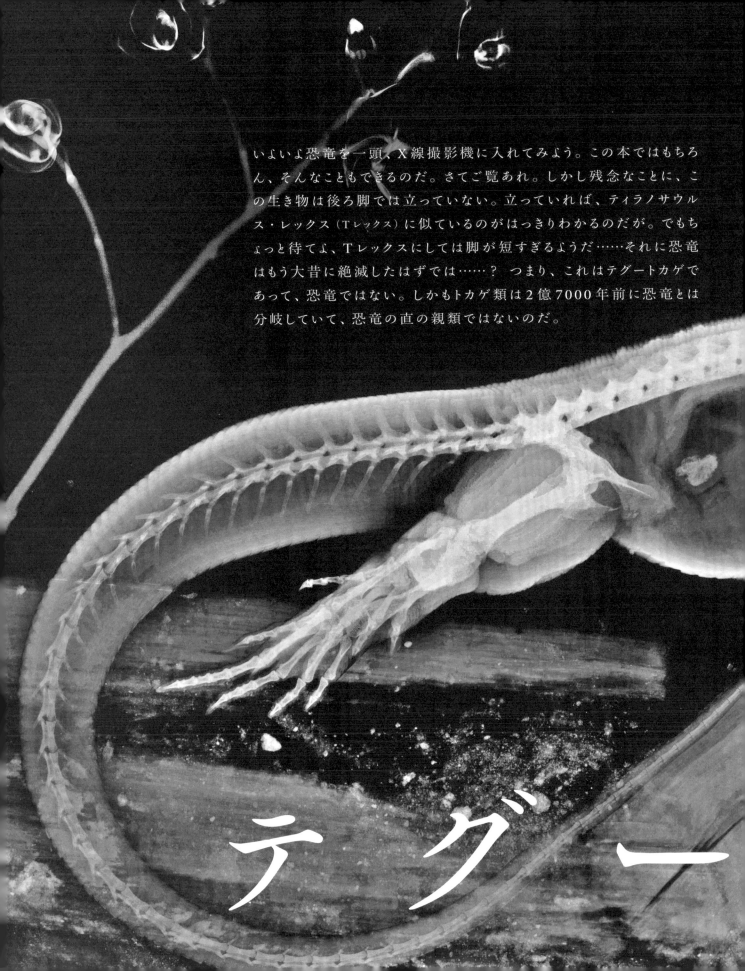

いよいよ恐竜を一頭、X線撮影機に入れてみよう。この本ではもちろん、そんなこともできるのだ。さてご覧あれ。しかし残念なことに、この生き物は後ろ脚では立っていない。立っていれば、ティラノサウルス・レックス（Tレックス）に似ているのがはっきりわかるのだが。でもちょっと待てよ、Tレックスにしては脚が短すぎるようだ……それに恐竜はもう大昔に絶滅したはずでは……？　つまり、これはテグートカゲであって、恐竜ではない。しかもトカゲ類は2億7000年前に恐竜とは分岐していて、恐竜の直の親類ではないのだ。

テグー

じつはこの大型のテグートカゲ、恐竜だけでなく私たち人間にも似ている。見てほしい、脳を包む大きな頭蓋骨や、肺と心臓を守る肋骨を。上腿の骨が1本、下肢の骨が2本、それより少し小さい足根骨、そしてつま先に指が5本。私たち人間とまったく同じなのだ。指を数えると、その動物が両生類か爬虫類かがわかる。両生類は前脚の指が4本しかなく、爬虫類には5本ある。そして、歯をよく見ると、前側に尖った歯があるのが見える。これは肉食動物でよく発達してい

トカゲ

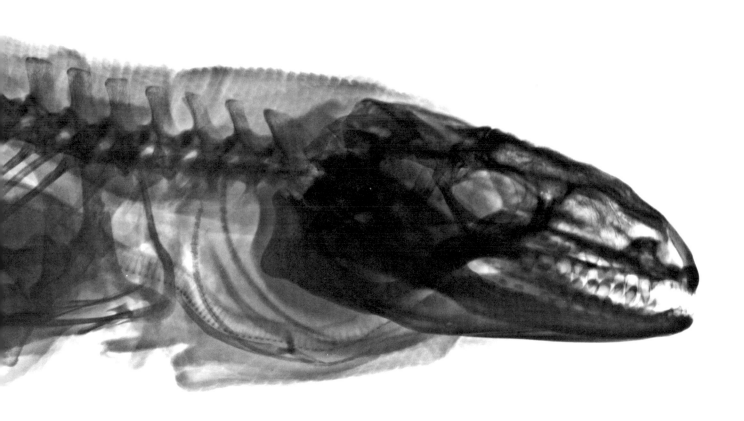

決 死 の 生 き 残 り

る犬歯。奥には草食動物で大きく発達している臼歯がある。つまり、テグートカゲは肉も草も食べる私たち人間と同じ雑食動物というわけだ。

でも、トカゲの巨大なしっぽは人間にはない。イヌやカンガルー、トラでさえも、こんなしっぽがほしいと思うかもしれない。なにしろそれは魔法のしっぽだから。テグートカゲやほかのトカゲは、しっぽに刺激があると反射的に切れてしまうのだ。たとえば捕食者にしっぽを押さえられたりすると、4分の3ほど切れてしまい、そのしっぽは少しのあいだ動き続ける。襲ってきたやつが、いったいなにが起きているのかと、驚いて見ているあいだに、テグートカゲはすばやく逃げだす。まあ、しっぽはないけれども。

しっぽはまた生えてくるから、災難というほどのことじゃない。私たちの腕がすっぽり抜けてしまったら、当然新しい腕は生えてこないが、テグートカゲのしっぽは生えてくる。ただ、前ほどきれいなしっぽには

ならない。古いしっぽにあった硬い椎骨の代わりに、軟骨の柔らかい芯ができるからだ。バージョン2.0のしっぽは、以前より少し小さくて、以前ほどなめらかには動かない。でもそれさえがまんすれば、よくできた代物だ。

新しいしっぽは、次の日すぐに生えてくるわけでなく、生えるのには時間がかかる。トカゲにとって、しっぽがない生活はとても不便だ。しっぽはコミュニケーションを取ったり、エネルギーを蓄えたりするのに必要だし、バランスを保つ助けにもなる。だから、トカゲはただなんとなくしっぽを切り離したりはしない。でも、生きるか死ぬかの場面では、しっぽが切り離される。それでいいのだ。

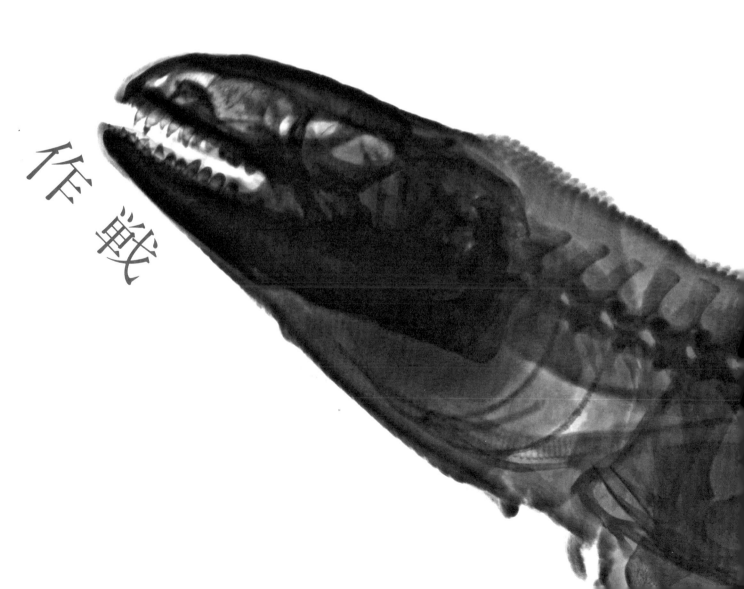

フトアゴヒゲトカゲ

ひげはトゲトゲ

水はありがたいものだ。喉が渇いて死にそうなとき、水があると救われる。そして高いジャンプ台から飛びこみをするときにも、プールの水に救われる。大きな衝撃を水が吸収するからだ。水中では衝撃が弱まるので、水中で暮らす生き物には地上ほど強い骨はいらない。いっぽうで陸の生き物は、体に強い骨があるほうが有利なのだ。

フトアゴヒゲトカゲほど、陸の生き物らしい種類はいないだろう。なぜならフトアゴヒゲトカゲは地球上でもっとも乾いた土地、つまり砂漠に生息しているからだ。肋骨がお腹全体と胸部を守っているのがわかる。でも、前脚と下あごのあいだにだけなにも守るものがない。じつは、まさにそこに一番大事な防御装置がある――「ひげ」だ。フトアゴヒゲトカゲが敵に出会うと、上を向いて口を開き、あごのひげを立てることでトゲトゲつきの大きな盾をつくる。写真をよく見てほしい。あごの下にある曲がった小さな骨、それをテントのように立てることで皮膚が伸び、ひげを突然とても大きくするのだ（喉をふくらませているように見える）。たいていの場合、こうすれば敵を脅かすのに十分で、それはまたありがたいことである。なにしろトカゲの一種なのに、防御のためしっぽが切れることはないのだから。

フトアゴヒゲトカゲの後ろ脚は、前脚より大きくて頑丈そうだ。このトカゲは危険が迫ると、強い後ろ脚を使って走り去る――それも予想外の速さで。ある種のトカゲは、あまりにも速いので水の上でも渡れてしまう。まるで聖書に出てくるイエス・キリストのようだ。フトアゴヒゲトカゲにはそんな芸当は無理だけれど、ひげが役に立たないときは、いつでもすごい速さで逃げだせる。

オナガカナヘビ

左の写真に、トカゲが2匹いるのが見えるだろうか？ しっぽの先端まで、彼らの体をたどれるだろうか？ うーん、なかなか難しい。カナヘビのしっぽは、体長の5倍になることもあるが、それがいったいなんの役に立つのだろう？ ちょっと想像してみてほしい。高跳びをしたいのに、あるいはさっと逃げだしたいのに、何mもある長いしっぽが後ろについているとしたら。そんなとき、このしっぽは厄介な代物だ。それでも、しっぽが役に立つことだってある。カナヘビは小さな動物で、体はとても軽い。しっぽにもほとんど重さがないので、草の茎にだって簡単に登れる。草の上で日の光に当たって体を温められるし、なにより高いところから近くに危険がないか見張っていられる。茎から茎に跳びうつるときにもしっぽは便利で、しっぽのおかげでバランスを保てるのだ。

カナヘビは、「脚の生えたヘビ」とも呼ばれている。カナヘビが草のあいだを這うと、脚はまったく見えず、ヘビとほとんど見分けがつかなくなる。トカゲの捕食者の多くは、相手がヘビなら、たとえどんなに小さくても近づくことはない。ただ残念なことに、あらゆる動物が、カナヘビのヘビみたいなしっぽに騙されるわけじゃない。そして、ヘビをおやつ代わりに食べる動物もたくさんいる。だから、なかにはカナヘビに飛びかかってくる捕食者もいるのだ。しかし、トカゲがどんな技を忍ばせているか、もうおわかりだろう——そう、しっぽが切れて、逃げるが勝ち。

脚の生えたヘビ

71

サバンナオオトカゲとニシキヘビ

脚があるかないか

カナヘビが脚の生えたヘビだとしたら、このニシキヘビは脚のないオオトカゲといっていい。というのもトカゲとヘビ、この2種類の動物は、ご覧のとおり骨格が互いにとてもよく似ているからだ。オオトカゲとほかのトカゲ、そしてヘビは、みんな仲間というわけだ。

オオトカゲとニシキヘビはどちらも捕食者で、食べる動物も一部共通している——齧歯類、爬虫類、鳥類、両生類などだ。場合によって、ニシキヘビは大きな哺乳類も食べるが、オオトカゲは昆虫やクモなどもっと小さな生き物も食べる。オオトカゲとニシキヘビは、ほぼ同じ地域に生息していて、どちらも裂けた舌で匂いを嗅ぎわける。

もちろん、そうはいっても、脚があるかないかは大事な違いだ。ヘビの遠い先祖には脚があった。しかし年月が経つうちに、脚を使うことがどんどん減り、ついにはなくなってしまったのだ。脚がなくても、ヘビはこれまで何千万年もうまくやってきた。ニシキヘビは、自分の体を獲物のまわりにピッタリとくねらせて、絞め殺すことができる。いっぽうオオトカゲは、獲物を脚でグッとつかむことができる。でもどちらもほとんどの場合、一瞬で命を奪い、そのとたん口に入れてしまうので、ほとんど手間がかからない。一瞬でやれるのなら、それが一番だ。

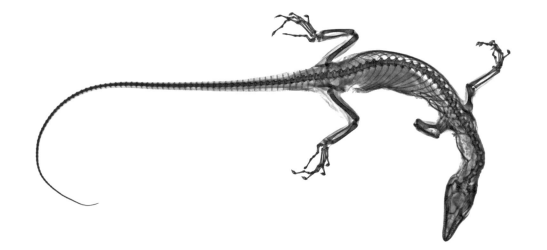

ワニと
ニシキヘビ

ワニとニシキヘビ。両者ともに、ものすごく鋭い歯をたくさんもつ生き物である。この2匹が戦ったら勝者はどちらだろう？ インターネットには、ワニみたいな動物とヘビが戦う恐ろしい映像がたくさん出ていて、ヘビが勝つことも、ワニが勝つこともある。どちらも奇襲攻撃を得意とする動物だが、この写真では、ニシキヘビが優勢のように見える。しかし、ニシキヘビは獲物を絞め殺すタイプの大きなヘビで、毒ヘビではないから、ワニの首を絞めて殺すほかない。ワニはワニで、ヘビよりずっと大きくて力が強い。右の写真では、ワニの前脚は右端にある黒い部分で、背景にうっすら写っているしっぽまで見ると、このワニがどんなに巨大かがわかる。ふーむ……この戦い、すでに勝負あり？

勝負は引き分け

もちろん、この写真の場面は用意された状態だ。ワニもニシキヘビも、どちらもとっくに死んでいる。だから実際には、どちらも負けで、勝負は引き分けなのだ。

カメレオンの話題になると、だいたい皮膚の話ばかりだ。誰もが知っているように、カメレオンは皮膚の色が変わる。でも、それはたいして特別なことじゃない。人間だって、ズボンのチャックが何時間も開いていたと気がついたら、とたんに顔色が変わるから。X線写真では色を見せることができないので、この機会にカメレオンの面白い体のつくりについて話してみよう。

カメレオ

必殺の舌……

たとえば、しっぽを見てほしい。シダの新芽のようにカールしている。カメレオンは木に登るとき、力がとても強いしっぽをいわば5本目の脚として使う。それにレッカー車のフックのようなつま先で、枝を挟む脚はどうだ。フクロウのように、カメレオンの5本の指は2本と3本にわかれていて、安定して枝をつかむことができる。でも、こうした部分はぜんぶカメレオンの一番の特徴には及ばない。一番驚異的なのは、舌だ。

舌は、カメレオンのもっとも大切な武器である。舌を使えば時速90kmの速さで、木から獲物を捕ることができる。おもちゃ屋で、ひものついたコルクが飛び出る銃を見たことがあるだろうか。カメレオンの舌は少しそれに似ている。ただし、舌の先端はコルクではなく、少しくぼんだ先端から粘液を出して獲物をくっつけて捕らえる仕組みになっている。

カメレオンの舌は、しっぽを除いた体長の2倍の長さまで伸びる。そのものすごく長い舌は、小さな頭の中にアコーディオンのように畳んでしまわれる。きちんと収まるのは、舌のまわりにある筋肉によって、ふだんは縮んだ状態で収納しているからだ。獲物を捕らえるときは、舌の根元にある「舌骨」を前へ押しだして、縮んでいた筋肉を緩めた結果、舌が伸びる。舌骨と力強い筋肉を使って、カメレオンはゴムのような舌をものすごいスピードで打ち放す。なんて便利な舌だろう。でも、人間は自分たちの舌で、カメレオンにはできないことをする。それは話すということ。いっぽう、カメレオンのコミュニケーションの道具は皮膚で、気分によって皮膚の色が変わり、自分の気持ちを伝えているわけだ……。

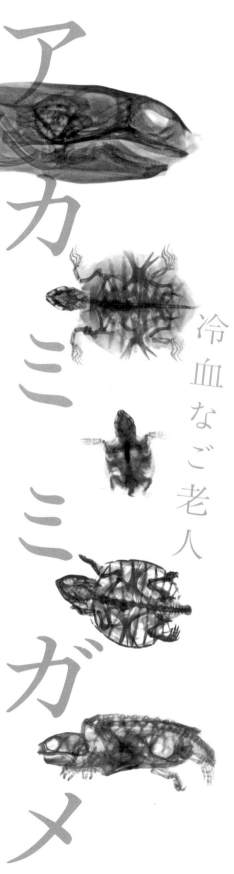

アカミミガメ　冷血なご老人

カメは、タツノオトシゴと同じように、二重の防御構造をもっている。外側と内側から——つまり甲羅と骨だ。それは左の写真ではっきりと見える。ただ、手や脚だけでなくほかの骨もとてもよく見えるくらいだから、身にまとう鎧はたいして厚くない。アカミミガメはほとんどの時間を水中で暮らしているので、甲羅をさほど厚くする必要はないのだ。そしてカメはとても長生きだから、どうやらこれで十分うまく機能しているらしい。

もっともアカミミガメは、わずか50年ほどしか生きない。でも、一般に小さな動物は大きな動物より寿命が短いものだから、こんな小さい動物にはきわめて特別なことだ。当然、ゾウガメはもっとずっと長く生きる。これまで一番長く生きたゾウガメは「アドワイチャ」という名前で、2006年に約250歳で亡くなったと推定されている。もう少し年齢がわかっている最高齢のカメは「トゥイ・マリラ」といい、189歳から193歳のあいだに亡くなったそうだ。

つまり、カメの防御は、役に立つわけだ。しかし、それが長生きの真の秘訣ではない。秘訣は新陳代謝にある。カメは新陳代謝がものすごく低い。つまり新しく細胞をつくりだすのに必要なエネルギー消費が少ないという意味で、細胞を健康な状態で長く保つことができる。それで当然、より長く生きられるわけ。なお、これまでの世界最高齢の生き物はカメではなく、貝で、507歳以上にはなっていた。貝は新陳代謝をほぼ止められることで知られている。私たち人間には不可能な技だが。なにしろ人間は恒温動物で、自分の体を37度ちかくまで温めないといけないから。

人間やほかの哺乳類は恒温動物であり、エネルギーを体の中で燃やして体温を上げる。いっぽうカメは、ほかの爬虫類と同じ変温動物だ。自分自身で体温を上げるのではなく、太陽の熱を利用して温まる。つまり、このアカミミガメの甲羅は、鎧だけでなく太陽光パネルの役目も果たしているのだ。暖かい太陽の下で、多くのエネルギーを得たアカミミガメは、冷たい水の中でもすばやく動ける。人間が数百年も生きたいと望むなら、まずヘルメットと防護服で体を守り、おまけに恒温動物から変温動物に変身する方法を発明しないと……。

ヘビ

食欲が旺盛なほど口も大きい

ヘビにはおもに、毒で獲物を殺すタイプと獲物に巻きついて絞め殺すタイプの2種類がいる。ここでは後者のヘビを紹介しよう。ラットスネークがなにを食べるか、当ててみてほしい。そう、小さなネズミだ！ほかにもカエル、鳥、トカゲ、そうそう大きなドブネズミも。ここまではなにも変だと思わないだろう。しかし、右の写真のラットスネークの頭が人間の拳よりかなり小さくて、ドブネズミがそれよりずっと大きいと気がつくと……？　ラットスネークは毒をもたず、獲物を絞め殺すたぐいのヘビである。そんなヘビが、ナイフもフォークもなしに、どうやってドブネズミを丸ごと味わうのだろう。謎の答えは、ヘビの頭蓋骨にある。ボアだけでなく、どんなヘビでも同じ仕組みで、ものすごく便利な構造になっている。

左上にあるニシキヘビの頭のように、手をヘビの頭の形にしてみよう。親指が下あご、ほかの指が上あごになるように。そして「ヘビ」の「口」をできるだけ広く開けてみてほしい。それくらいヘビも実際に口を開けることができて、そこに大きな動物がすっぽり入ってしまう。しかも、ヘビのあごはどこにも固定されていない。下あごは左右にわかれていて靭帯でつながっているだけなので、口をもっと横に広げることができる。さらに後ろ向きについている歯が、ひと噛みごとに獲物を喉の奥へと押しこんでいく。

ヘビの喉と胃袋はきわめて伸縮性があって、口を通るものはなんでも簡単に、滑るように入っていく。胸骨がなく、肋骨が柔軟に開閉するようになっており獲物をスムーズに奥へと運ぶことができる。ヤギを一頭丸ごと飲みこむ大きなヘビもいるくらいだ。細いヘビが獲物を飲みこむと、真ん中に大きなこぶのある奇妙な姿になる。まるで掃除機のホースに吸いこまれたサッカーボールが、途中で引っかかっているような有様だ。獲物はすごく大きくても、胃袋の中で2～3日で消化される。餌食になった獲物はついに何個かの糞に変わり、頭からしっぽまで、消えてなくなる。

しっぽといえば……ヘビには本当にしっぽがあるん
だろうか？ それともヘビ自体がしっぽなのか？ そん
な問題で頭を悩ませるまでもなく、答えはもうわかっている
——ヘビにはしっぽがある。「総排泄腔」という、糞や尿を排
泄したり卵を産んだりするひとつの穴が、尾端より少し手前のほうに
あり、その後ろの部分がしっぽ、ということになる。それがまた役に
立つ代物なのだ。しっぽをくねらせてミミズのように見せかけ、ヘビ
はそのしっぽを狙ってくるほかの動物を反対に捕まえてしまう！ 毒の
ないヘビでさえ、しっぽには「毒気」があるというわけだ。

鳥類

メンフクロウ

私たちは鳥を見たら、鳥そのものを見ていると思う。でも実際に見ているのは、脚の生えたものすごい量の羽毛だ。鳥の真の姿は、その羽の奥深くに隠れている。右の写真の2羽のフクロウを見ると、鳥の構造がじつはどうなっているかわかる。下の写真の印象的なメンフクロウは、羽毛ジャケットがなければ、明らかにただのやせこけた小さなフクロウだ。でも待てよ、小さなフクロウと呼べるんだろうか？　メンフクロウは羽をふくらませて、全長40cmを超えるほど大きくなることもあるのだ。そして、いろいろな齧歯類や小鳥をいともたやすく捕まえる。メンフクロウの尖った爪で首もとを刺されるのは、そう気持ちのいいものではないだろう。先の尖ったくちばしでつつかれるのは、なおさらお断りのはずだ。

いっぽうで、メンフクロウに捕まる鳥たちも、たくさんの羽毛におおわれていることを思いだしてほしい。だから、ほとんどの鳥がこの小さなメンフクロウよりさらに小さいわけ。つまり、ただ大きければいいってもんじゃない。獲物よりも大きいことが大事なのだ。

大きくないなら
大きくなあれ

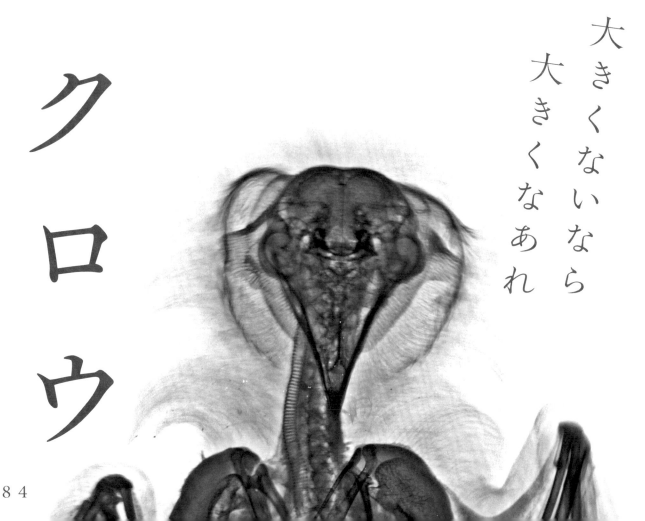

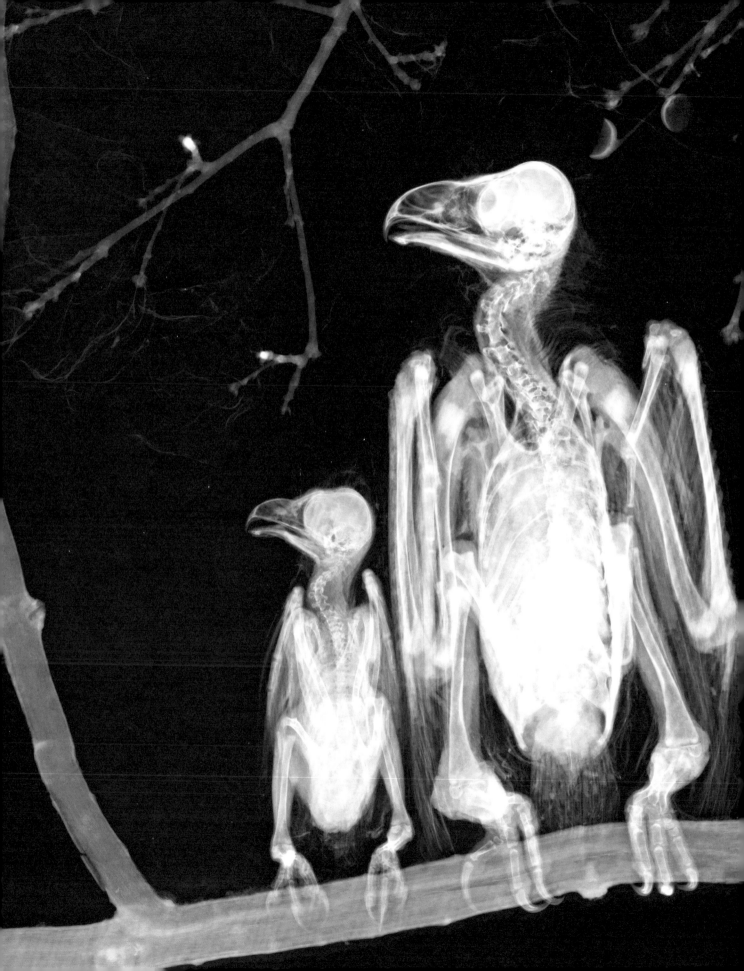

多くの鳥は見た目が美しい。たとえあまりきれいでなくても、素晴らしい声で鳴くことができる。そんなこと、誰だって知っている。でも、内側も同じくらい特別だと知っている人は、あまりいない。何世紀ものあいだ、私たちの先祖は鳥のように飛ぶことを試みたが、決して成功しなかった。なぜうまくいかなかったのか？　それはいつも鳥の外側ばかり見て、内側を見なかったからである。ああ、なんと愚かな。鳥の骨格をもっとよく見れば、人間が両腕に翼をつけて高く羽ばたくなんて、絶対に不可能だとすぐわかっただろうに。

飛ぶためには、軽い体に多くの風を受けないといけない。羽毛を頭の上に吹き飛ばすほうが、岩の塊を頭の上で吹き飛ばすより簡単なのはあたりまえだ。鳥の場合、飛ぶ力は広げた翼から生まれ、羽ばたくことで鳥は自分の体を空へと押しあげる。でもそうするには、体はとても軽くないといけないし、強い力がいる。私たちとは違って、鳥はそんな体の持ち主だ。

でも、このセキレイにはたくさんの骨があるし、骨はひどく重いだろうって？　いや、少なくとも、鳥の場合はそうじゃない。セキレイの骨はストローに似ていて、重さもほとんどストロー並みだ。なぜなら中身がほとんどスカスカだから。まるでたくさんの小さな気泡が詰まっているような骨（含気骨）なのだ。そして軽いだけでなく強度を保つために、骨の内部の空洞には支柱のような構造がたくさんある。そんなわけで、鳥の骨は丈夫なうえ軽い。さらにくちばしだって軽い。くちばしは骨ではなく、髪と同じケラチンからできている。とにかく夢のように軽いのだ！

この写真では、鳥の力がどこから出ているのかも見える。セキレイの前側に、胸の上からお腹のすぐ下まで大きな光の面が伸びている。これが「竜骨突起」だ。人間では胸骨の位置にあるとても目立たない骨だが、鳥の竜骨突起はものすごく大きい。それは鳥が飛ぶために必要な、大きな胸筋を支えなければならないからだ。筋肉に関していえば、世界中のボディビルダーの誰ひとり、こんな胸筋をもつセキレイの足元にも及ばない。そして人間にはこの筋肉がないので、空は飛べないし、重い骨までついていればなおさらだ。

セキレイ

空を泳ぐ

なにかがおかしい。右の写真のこのトラフズク、膝を曲げて枝にとまっている。少なくとも、そう見える。でも、もしそうだとしたら、脚が変なほうを向いていないか。動物の膝は反対には曲がらないはずなのに。もしこのトラフズクが背中をこちらに向けたら、今度は膝が逆方向を向くだろう！　うーん、でもちょっと待った。その部分は本当に膝なのか？　あるいは、トラフズクには膝がないのだろうか？

鳥類にも膝はある。その膝は、人間の膝と同じ方向に曲がっているが、ただしわかりにくい。下の写真のノスリを見ると、構造がもっとはっきりわかる。トラフズクの写真で膝のように見える関節から下の部位は、腿（大腿骨）ではなく脛（脛骨）なのだ。「膝」のように見える部位は、つまり踵にあたる。脛に見える部位は中足骨だ。そして、本当の膝は胸の位置ちかくにあって羽毛の下に隠れている。つまり、形こそ違うが、トラフズクは人間と同じ骨をもっているということ。

ふう、骨は折れたが、これでようやく謎が解けた……。

トラフズク

逆向きの膝

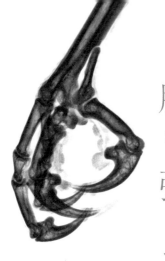

胸を張って前へ

右の写真のノスリを見ると、鳥の「腕」は人間の腕によく似ているが、それでも少し違いがあるのがよくわかる。人間と同じように、鳥も上腕骨が、下腕骨（橈骨と尺骨）につながっている。しかし、その後がかなり複雑になる。中手骨（人間でいう手のひらの中央に位置する骨）は長く（➡）、その先の指の骨は短く、人間の手の構造とはまったく違うのだ。でもよく見るとノスリにも、人間と同じように親指があって、下腕骨の先端についている。親指の骨には特別たくさんの羽がついていて、鳥がうまく飛ぶために翼を操れるようになっている。

上腕骨の下にある薄暗い箇所が、ノスリがもつ筋肉の量を示している。翼の骨のまわりについている筋肉はさらに少ない。鳥は「腕の筋肉」はほとんど使わず、おもに胸筋を使い胸を張って飛んでいるわけだ。

ノスリの喉には、また別の暗い箇所がある。下の写真を見れば、その黒い影の正体がわかる。このノスリはネズミ（⬅）を飲みこんでいたのだ！

ノスリ

アマツバメのような鳥は、一生のほとんどを空中で過ごす。空で暮らし、食べて、そして眠る（どのように生活しているのか、正確にはわかっていないが）。しかし、キジは地上にいたほうがくつろげる。危険が迫れば、まず走って逃げようとする。うまくいかないときに初めて、ちょっと先まで飛んでみる。なぜそうなのか、下の写真を見ればよくわかるだろう。キジは体がかなり重い鳥で、大きな尾羽までついているのだ。しかも、キジが好んで食べるのは種や根、草、果物など地上にあるものばかりで、空中では食べ物が手に入らない。

だから、キジにとっては脚がなにより大事だ。キジにはしっかりした上肢と下肢もある。しかし、その発達した脚があるせいで、飛ぶときはなおさら重い体を支えなければならない。つまり、脚が丈夫なほど飛ぶのはいっそう大変になり、歩けば歩くほど脚に筋肉がつく。もしこんなことがずっと続けば、何千年後かには、キジの脚も、ダチョウのような巨大な脚になるかもしれない！　あるいはその逆で、もしも陸上に新しいキジの捕食者が現れたら、もっと飛ぶ必要に迫られて、脚が小さくなっていくかもしれない。

いずれにしろ、キジは今のところ快適に過ごしている。気楽に飛べるだけでなく、野原を長い距離歩きまわることもできる。脚の後ろ側についた尖った点が見えるだろうか？　これは「蹴爪」といって、敵に重傷を負わせることができる超便利で超危険な武器だ。そんなわけで、キジはたぶんもうしばらくは、今のままでいるだろう。

小さなダチョウ

キジ

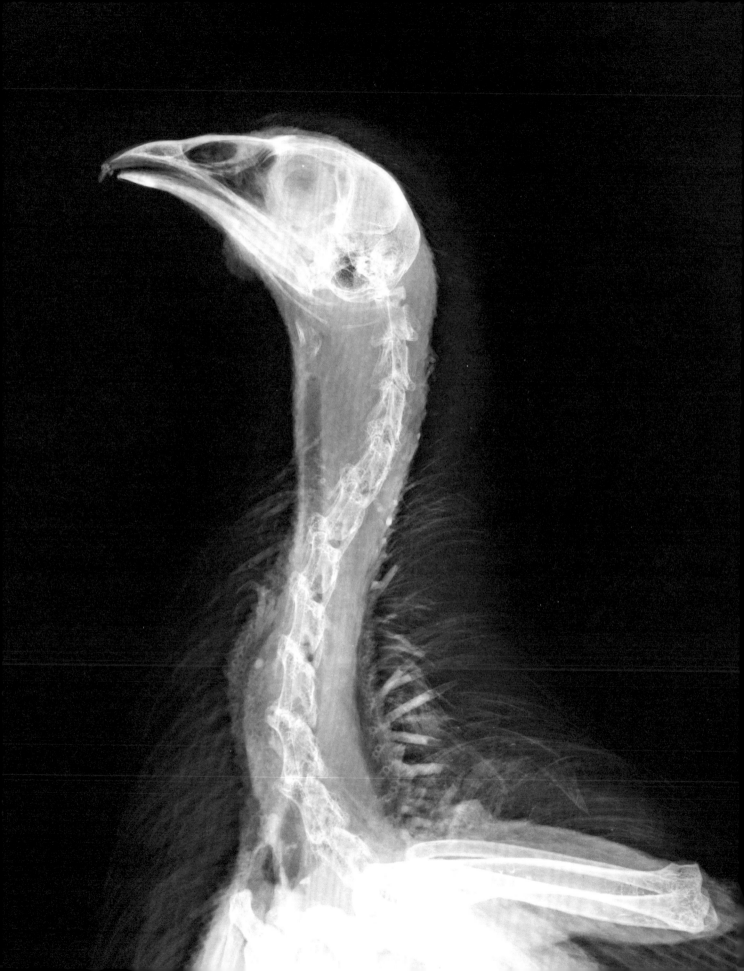

飛べない鳥や、キジのように大半の時間を陸上で生きる鳥にとって、丈夫な脚は重要な役割をもつ。しかし、飛ぶことに特化しているほかの鳥たちの脚がたとえ細くても、細い脚が役に立たないというわけではない。たとえばこのカケスを見てほしい。鳥には頑丈なかぎ爪があり、その爪で枝をがっちりと握りしめることができる。なかには片方の脚を自分の体に引き寄せて、気持ちよく1本脚で寝る鳥もいるくらいだ。枝を握りしめるのに力はまったく必要ない。なぜなら鳥は、ふくらはぎから続く筋肉が足首から指先まで腱でつながっているからだ。鳥が木の枝にとまろうとして足首を曲げると、自動的に腱が引っ張られる。そして爪を含む足指全体が留め具のように働いて、枝をがっちりつかむのだ。しっかり立っているために鳥は少しの労力も必要としないわけ。私たち人間とはぜんぜん違う。でも、もしかすると皆さんも、木のてっぺんにとまって眠ってみたかったりして？

1本脚で寝る鳥たち

カケス

水陸空鳥

鳥の中には、空のほうが快適な鳥もいれば、どちらかといえば陸上を好む鳥もいて、水の中で暮らす鳥もいる。飛べない鳥の場合もそうだったが、水鳥もその脚を見れば、ひと目で一番いたい場所がわかる。脚についた水かきは、木の上ではなんの役にもたたないはずだから。

カモの水かきは、ダイビングショップで買えるゴムの脚ヒレよりも、各段に性能がいい。カモは水中で脚を前後に動かしている。脚を前にだして水かきを広げ、後ろへ蹴ったところで、今度は水かきをたたんで蹴った脚を前にもどす。こうして左右の脚を交互に動かしながら前進するのだ。

カモのくちばしも、水との関係が非常に深い。くちばしの縁には、くしのように小さなすきまがたくさんあって、「ふるい」の役目をしている。水にもぐったカモは、まず口の中を水でいっぱいにする。それから水を舌で外に押しだしたあと、濾しとった水草や虫を残さず食べてしまう。しかも長い首のおかげで、どこでも楽々とくちばしが届くのだ。

歩けて、飛べて、一日中気持ちよく池や水路に浮かぶことができるとは。本当にカモはうまいことやっている。カモを「水鳥」と呼んでは片手落ちだろう。これでおわかりのとおり、「水陸空鳥」なのだから。

カモ

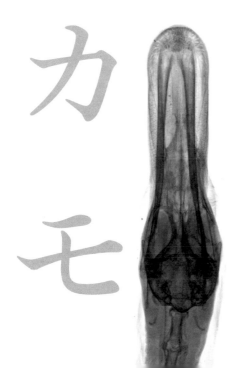

鳴
鳥

少し鳥の知識のある人なら、カササギとカケスとカラスの違いはすぐにわかる。でも、羽毛がない姿だと、とたんに難しくなる。外側ではなく内側を見ると……親戚同士だということがよくわかるのだ。

同じことが、クロウタドリ、ウタツグミ、ホシムクドリにもいえる。内側は同じに見えるが、外側はまったく違う。彼らの歌声も、もちろん違

左ページ［上から下］カササ
ギ、カケス、カラス
右ページ［上から下］クロウタ
ドリ、ウタツグミ、ホシムクドリ

っている。いや、そうだろうか？　ホシムクドリは、クロウタドリやウタ
ツグミに似た鳴き方もできる――つまり、ほかのいろんな鳥の鳴き声
を簡単に真似るのだ。しかしホシムクドリがどんなにうまくほかの鳥
を真似たとしても、やはり近縁であるのは同じツグミ科に属するクロ
ウタドリとウタツグミだ。骨の形を見るとわかるだろう？

違いを探せ

哺 乳 類

空を飛ぶために、鳥や虫である必要はない。哺乳類でも空を飛ぶものはいる。大きな手が備わってさえいれば。手だって？ そう、見てほしい。コウモリの翼は、手のひらが大きく進化したものなのである。コウモリは4本の指が非常に長く、親指だけが短い。それが翼の上にある短い突起だ。コウモリには鳥のような便利な羽毛はなく、指と指のあいだにある薄い皮膚の膜（飛膜）を使って飛ぶ。そして、鳥のように空洞化した軽くて丈夫な骨もない。だから、コウモリは骨を細くすることで、できるだけ体を軽くしている。

コウモリの後ろ脚は、体のほかの部分と比べてかなり小さい。この脚では、座ることはほぼ不可能。コウモリはぶら下がるほうが好きなのだ。コウモリのかぎ爪は、ぶら下がりながら眠ることができる仕組みになっている。いったんぶら下がると、鳥と同じようにひとりでに留め具となるかぎ爪のおかげで、コウモリは決して下に落ちない。

写真では理解しにくいが、コウモリの膝は、人間やイヌ、ネコといったほかの哺乳類の膝とは逆方向に曲がる。つまり、膝（膝蓋骨）が背面を向き、脚の裏が正面を向いたつくりになっている。そのため地面を這うときは、膝が上に突きでる。なにしろコウモリの両手、というか前脚は翼と一体化しているので、地面を移動するときはとても不格好な姿になる。しかし、あのかぎ爪のおかげで、逆さまのまま洞窟の天井をやすやすと「這い進む」ことができて、そうしている姿はとても器用そうに見える。

哺乳類であるコウモリは、これまで見てきたほかのどの動物よりも人間に似ている。コウモリの骨格は、ネズミより、むしろ人間に似ているぐらいだ。だから、これからはコウモリを「コウモリ人間」と呼んだほうがいいかもしれない。いや待てよ。そんな人がいなかったかな？ ゴッサム・シティに？

コウモリ

両手で羽ばたけ

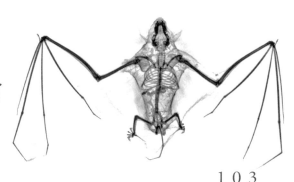

103

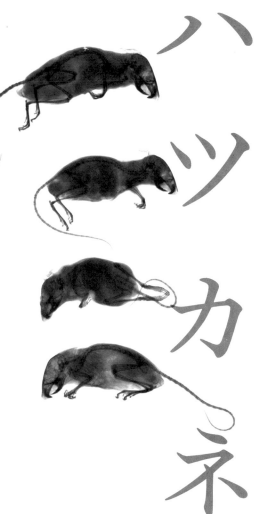

ハツカネズミは、その便利な体の仕組みのおかげで、見ていて羨ましくなるぐらいやりたいことがほとんどなんでもできる。ネズミの骨は細くて軽いが、とても丈夫だ。そして骨のまわりには、非常に力強くてしなやかな筋肉がついている。そんな骨や筋肉を使って、登ったり、走ったり、跳んだり、這ったり、穴を掘ったり、泳いだり。恐ろしく強い後ろ脚のおかげで、簡単に台所の調理台に登ったり、戸棚に入ったりもできる。そして前脚の爪を使って、どこでも簡単にしがみつく。空を飛ぶことだけはできないけれど、それ以外は本当に万能選手だ。しかもネズミは雑食動物で、どうやらなんでも食べるらしい。

ハツカネズミは、毎日20回近くも食料を見つけに出かけていく。種子や果物、小動物、食べられるものならなんでもかじりつく。もちろん、鋭くとがった歯が役に立っているのだ。カチカチに硬い木の実や太い人参、非常に頑丈な電気ケーブルも噛み切ってしまう。ケーブルまで食べるのだろうか？ もちろん食べたりしないが、噛んだりはする。断熱材、本、地下室や屋根裏にある古いガラクタにも噛みつき、その後は噛み砕いて自分たちの巣の建築資材にする。だからじつのところ、ネズミは雑食動物ではなく、雑噛動物と呼んだほうがいい。

ハツカネズミ

ネズミは万能

ハツカネズミとドブネズミが仲間だというのは、見ればよくわかる。一見すると、このドブネズミは、大きく育ちすぎたハツカネズミのようだ。X線写真で、子どものドブネズミと大人のハツカネズミを見分けるのはとても難しい。それでも、いくつかの違いはある。ドブネズミの頭は、ハツカネズミの頭より少しがっちりしている。脚もいくらか大きくて、反対に耳は少し小さい。最後にもうひとつ、ハツカネズミよりしっぽが少し太い。でも糞を見ると、彼らの違いがよくわかる——ドブネズミの糞は、ハツカネズミの糞よりもだいぶ大きいのだ。

もっとも大きな違いは、習性にある。ドブネズミはハツカネズミを獲物として捕らえるため、ハツカネズミにとっては天敵なのである。そのため、ハツカネズミはドブネズミをとても怖がっている。その匂いだけで、十分に震え上がらせることができる。だから、ハツカネズミを追いだしたいのなら、チーズのかけらでおびきだすよりも、ドブネズミの匂いを使ったほうがいい。間違いなく、ドブネズミとハツカネズミは食うか食われるかの関係なのだ。

ドブネズミ

食うか食われるか

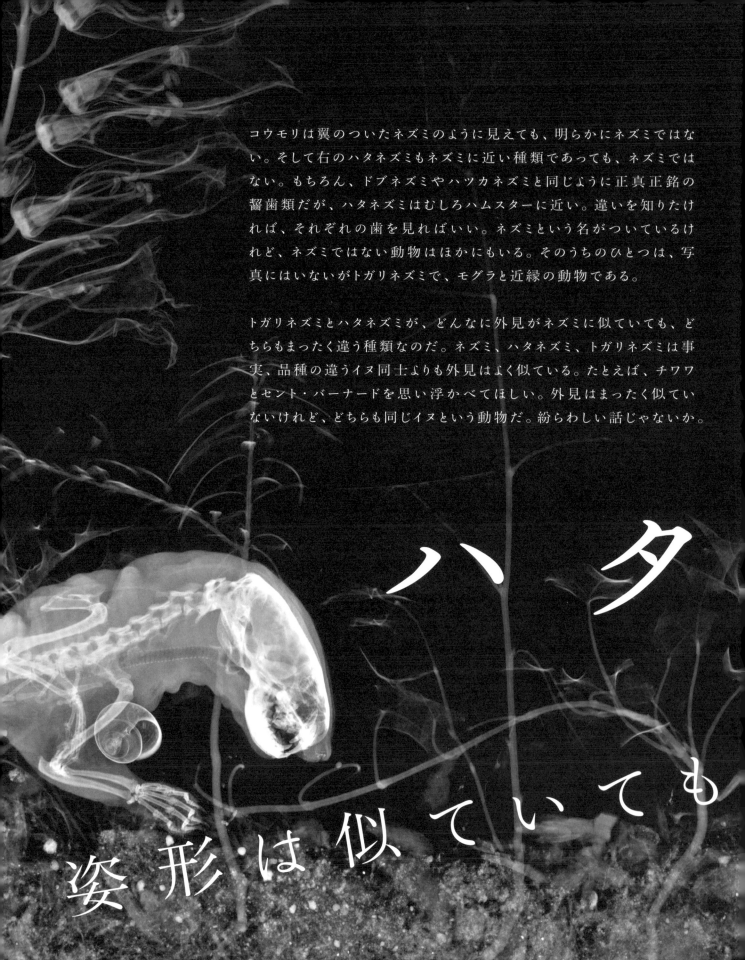

コウモリは翼のついたネズミのように見えても、明らかにネズミではない。そして右のハタネズミもネズミに近い種類であっても、ネズミではない。もちろん、ドブネズミやハツカネズミと同じように正真正銘の齧歯類だが、ハタネズミはむしろハムスターに近い。違いを知りたければ、それぞれの歯を見ればいい。ネズミという名がついているけれど、ネズミではない動物はほかにもいる。そのうちのひとつは、写真にはいないがトガリネズミで、モグラと近縁の動物である。

トガリネズミとハタネズミが、どんなに外見がネズミに似ていても、どちらもまったく違う種類なのだ。ネズミ、ハタネズミ、トガリネズミは事実、品種の違うイヌ同士よりも外見はよく似ている。たとえば、チワワとセント・バーナードを思い浮かべてほしい。外見はまったく似ていないけれど、どちらも同じイヌという動物だ。紛らわしい話じゃないか。

ハタ

姿形は似ていても

イヌとネコとネズミは、外見が明らかに違う3種類の動物だ。でも、チワワ、セント・バーナード、ダックスフントは、同じ種類でも品種（＝犬種）が異なる。つまり、外見だけで種類や品種を区別することはできないのだ。相手と繁殖して健康な子孫を残せるのなら、そしてその子どもがまた繁殖できるのなら、同じ種類に属していることになる。チワワとセント・バーナードはそれに当てはまり、イヌとネコは当てはまらない。イヌとネコを交配させたとしても、子どもは生まれない。違う種類同士でどうにかうまくいったとしても、その子どもには生殖能力が備わらなかったり、体に不具合が起きたりしやすい。たとえば、飼育下の環境でライオンとトラのあいだに生まれた、タイゴンやライガーという動物もいるが、生まれたときから病気を抱えていることが多く、その命は儚い。

ネズミ

うわ、また互いに似ている動物だ！ よい部分は変えなくてもいいのが、自然の掟。それは小さな哺乳類の骨格にもいえるようだ。しかし、2匹のあいだにもちろん違いもいくつかある。ふつうはノウサギのほうが、アナウサギより少し体が大きくて力もあり、耳も長く、とくに後ろ脚が発達している。

それでも、おもに似ている点のほうが目立つ。右の写真のノウサギも下の写真のアナウサギも、前脚より後ろ脚のほうがずっと発達している。そこから、ものすごい速さと跳躍力が生まれる。とくに前脚は、ぴょんと跳ぶたびに着陸装置の働きをする。また、どちらのウサギの歯も非常によく似ている。とても長くて、あごの奥深くから生えている。前側には鋭い門歯が2組、口のさらに奥には臼歯がある。もうひとつ、どちらにも特徴的なのは、筋肉が多くついた部分にある骨が細いこと。おかげで早く走れるが、いっぽうで動いている最中に骨を折りやすい。

似ている動物は、行動も似たり寄ったりだと思われがちだが、ところがどっこい、そうじゃない。ノウサギは単独で暮らし、アナウサギは群れで生活する。ノウサギはくぼみで、アナウサギは地中の巣穴で眠る。ノウサギは生まれたばかりでも、おとなのノウサギのように行動できるが、アナウサギの赤ん坊は丸裸で、目も見えず無力だ。とにかく、ノウサギはアナウサギより力が強いうえ、アナウサギよりもっと遠くまで、もっとすばやく走ることができる。だが、この2匹が競争したとき、どちらが勝つかはわからない──とにかく、居眠りしたほうが負けだ。

アナウサギとノウサギ

同じだけど違う

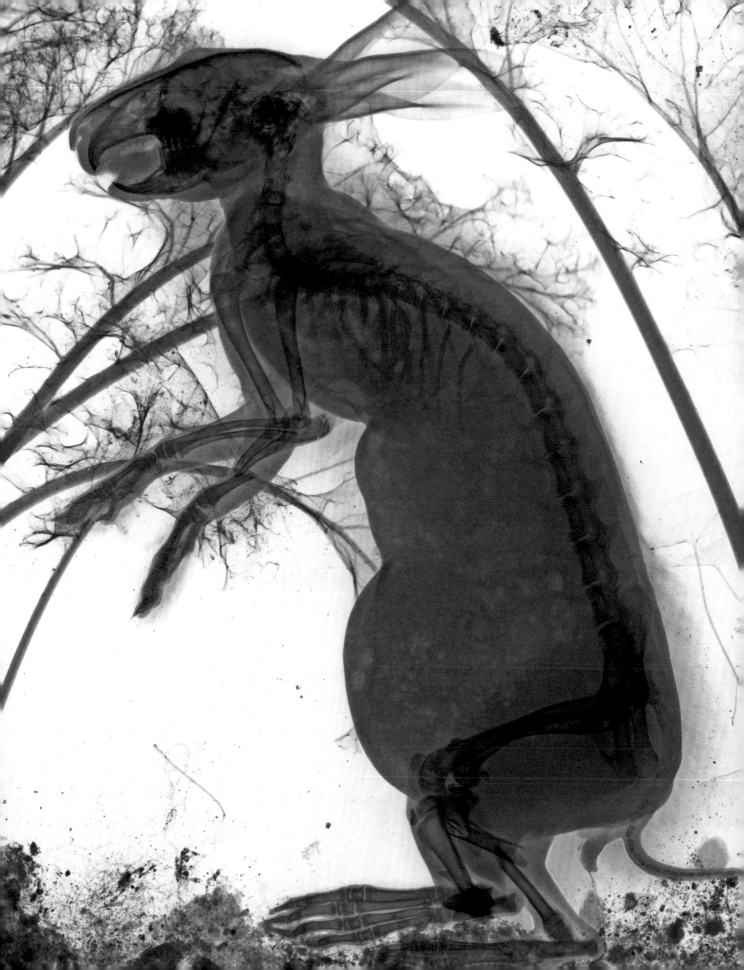

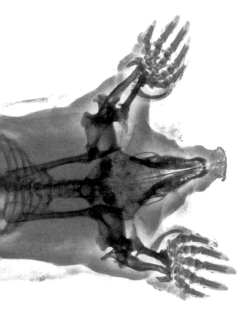

長い体、短い脚、尖った鼻づらをもったモグラは、まるで地下暮らしのダックスフントのようなもの。この体は、モグラにとっても都合がいい。人生の大半を自分で掘った狭いトンネルで過ごさなくちゃいけないなら、脚が長いと邪魔になるだけだし、トンネルにつっかえるほど太った体なんてもってのほかだ。じゃあ、土の中ではなにがいる？土を掘るための大きな手と、強い脚は必要だ。這いまわるときに引っかかるような、変に突きだした部分はいらない。なるほど、モグラには、地下暮らしのそんな特徴がうまく備わっている。

モグラの手の写真をよく見ると、指が5本でなく6本あるのがわかる。手首から見える「フック」がもうひとつの親指だ。動かすことはできないけれど、土をかきだせる部分が大きくなる。この指のおかげで、モグラはより多くの土を掘りだすことができる。しかし、哺乳類の起源は、左右に5本の手指と足指をもつ動物だ。人間、ネズミ、コウモリ、クマ、ほかの多くの種類はどれもちょうど5本の指をもっている。一部の種類では進化の過程で、足指が退化したり、足先の形状が蹄に変わったりしているが、それらはぜんぶ説明がつく。でも1本多い指は？　いったいどうやってできたんだろう？　生物学者は長いこと、モグラの余分な指がどうやってできたのかという疑問に頭を悩ませてきた。

そのもうひとつの親指は、ほかの指とはだいぶ違った様子をしている。指骨がなく、関節でもつながっておらずひとつの塊として独立している。そしてなにより、爪がない。じつは、それは本当の指でなく、育ちすぎた手首の骨なのだ！　そんなニセの指をもつ動物は、モグラだけではない。パンダにも余分な指があり、その指は竹や笹をつかむのに役立つ。結局のところ、すべての哺乳類の手や脚の骨は同じようにできている。母なる自然に拍手！

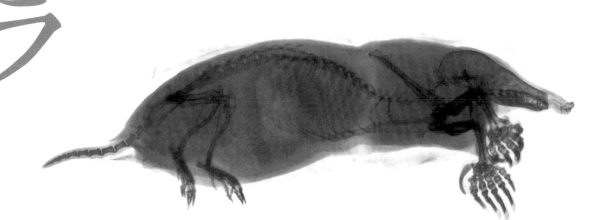

モグラ

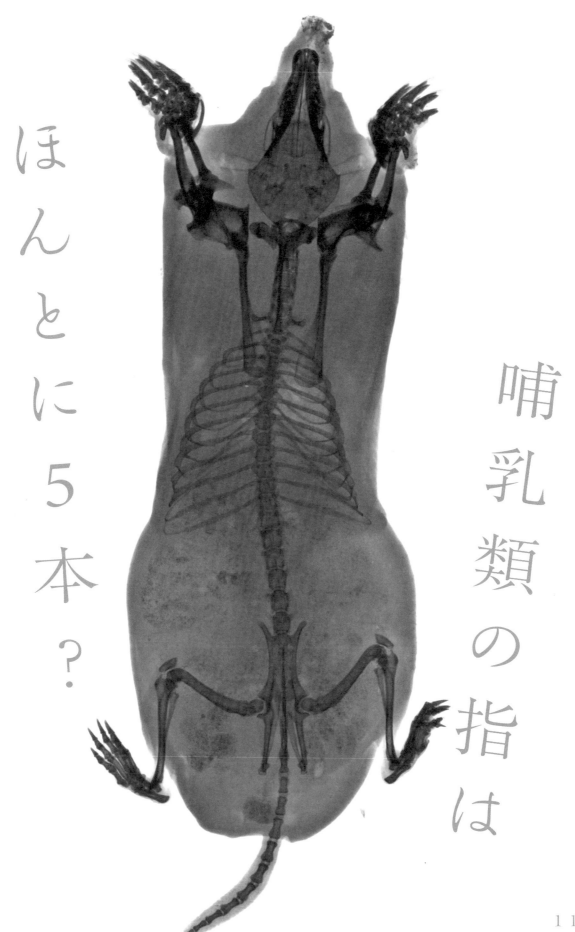

哺乳類の指は

ほんとに5本？

ハリネズミ

鳥のＸ線写真でも見たように、羽毛のない鳥の姿はかなり小さい。そしてここでは同じように、ハリネズミも、ただのはったり屋だとわかるだろう。ハリの下のハリネズミは見かけよりだいぶ小さい。背中はきわめて筋肉質だけれど、背中の筋肉はなんの役に立つんだろう？走ったり、穴を掘ったり、重いものを持ちあげたりするのにも使えないし……じつはハリネズミの背中の筋肉には、大事な目的がひとつある。ハリをまっすぐに立たせるために使うのだ。

ハリネズミの歯、尖った鼻づら、短い丈夫な脚を見れば、どの動物と親戚なのかがよくわかる。そう、モグラだ。ただ、ハリネズミは土の中を掘るのではなく、地上で落ち葉やコケ、枝のあいだを通って道をつくる。地面の上は地中より敵が多いので、ハリネズミには自分の身を守るハリがついている。

もし体中にハリが生えていたら、体を完全に守れて便利だったかもしれないが、同時にハリが非常に邪魔だったはず。でも、ハリネズミの体ならこのことに悩む必要はない。ハリの生え際に、シャワーキャップのゴムみたいな長くて丸い筋肉がついていて、捕食される危険が迫ると、その筋肉を引き締める。すると「ゴム（筋肉）」が収縮して、ハリのついている皮の部分が体全体をおおう。捕食者の目に映るのはトゲトゲのボールだけ、というわけ。

ほとんどの場合、ハリネズミの安全を守るにはこれで十分といえるが、どうやらキツネはそれに対抗する方法を見つけたらしい。キツネが丸まったハリネズミを水の中へ転がすと、ハリネズミは丸まるのをやめる──そう話す人もいる。また別の人は、キツネは丸まったハリネズミに尿をかけて、同じようにハリネズミの鉄壁の守りを崩すという。とはいえ、おしっこまみれのハリネズミなんて、あまりおいしそうじゃない。しかし、ハリネズミを好んで食べる人間もいるようだ。とにかくそれはすごい。なにしろ大量の「爪楊枝」が、すぐに手に入るんだから……。

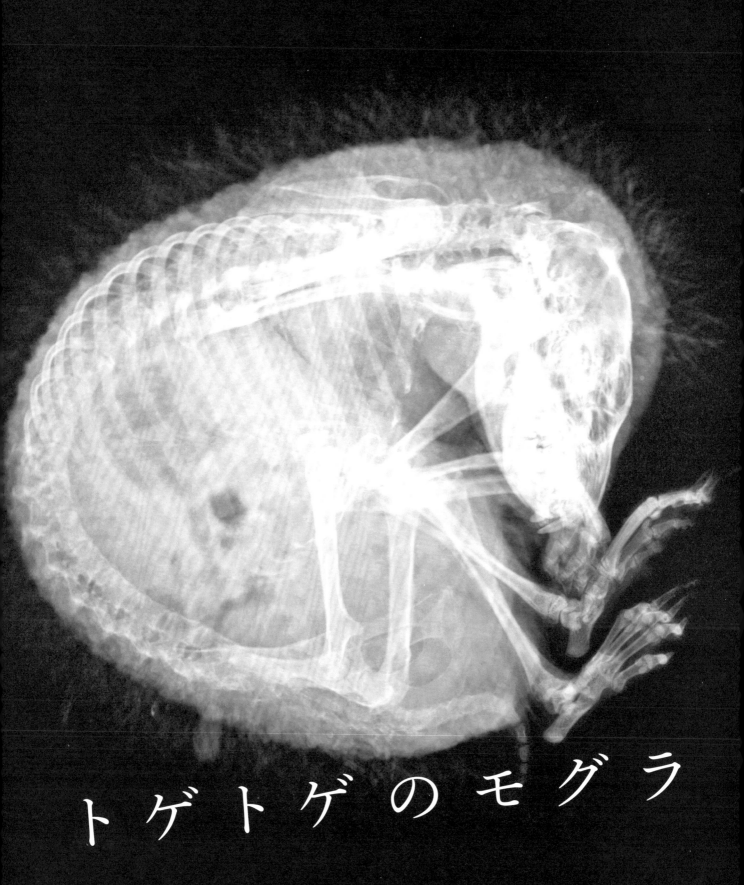

トゲトゲのモグラ

イタチ

齧歯類がもつような門歯ではなく、犬歯。それが肉食動物の特徴だ。肉食動物をひとつ紹介しよう。イタチは、自分より大きい動物さえ獲物にする。一番の好物はハタネズミだが、ドブネズミやモグラ、幼いアナウサギやノウサギだって食べる。イタチは、オスもメスも根性のあるスーパーハンターで、ネズミを一日に2匹もぺろりと食べてしまう。ものすごく多くのエネルギーを使うから、それくらい必要なのだ。一日に、自分の体重のおよそ4分の1の量を食べる。

体を見れば、イタチがどんなふうに狩りをするのかわかる。モグラのように体が長く、脚が短い。だから狭い地中の穴でくつろげるし、そこでならハタネズミだって見つけられる。餌食になる動物は、このハンターの犬歯の前ではほぼ無力だ。しかもイタチには大きな爪もあり、その爪を使って相手をつかむこともできる。

イタチが臆病な動物だと思う人がいるのは、わからなくもない。イタチ自身も、猛禽類はもとよりキツネやネコにいたるまで、ずいぶんたくさんの動物の餌食になっている。とはいえ、イタチが臆病なわけじゃない。イタチは慎重なだけで、それはとても賢いことなのだ。「イタチのように臆病」というオランダのことわざは、そろそろ「イタチのように賢い」と変えるべきかもしれない。

スーパーハンター

リス

器用なモンスター

「大事なのは外側じゃなくて内側」——恋愛の話になると、多くの人がそんなアドバイスをする。外見よりも中身の美しいほうがいい。そうなると、リスの人気はガタ落ちするだろう。あのふさふさの毛皮とふわふわのしっぽを取り去ると、残るのはこんなモンスターの姿なのだから……。でも、ものすごく器用なモンスターだといえる。

リスの前脚はサルの手に似ている。その前脚を使って見事な曲芸を披露しながら、リスは枝から枝へやすやす跳びうつる。後ろ脚の骨が頑丈なのも見て取れる。それもそのはず、筋肉質な脛の部分はとても長くて、うんと遠くまで跳べるようになっているのだ。あらゆる衝撃を吸収するためにも、リスの骨は頑丈でないといけない。

リスは歯もとても印象的だ。下あごの門歯はかじるためだけでなく、木の実の小さな粒を殻からほじくりだすピンセットとしても使われる。リスの歯は一生伸び続けるが、毎日どんぐりや木の実をかじるため歯はどんどんすりへる。でも、それでいいのだ。でないとリスの歯は、口から飛びだしたセイウチの歯のようになってしまうから。

しかし、リスのもっとも印象的な部分は、なんといってもしっぽだ。あの巨大なしっぽは、高い木の上で細い枝を歩くとき、バランスを保つために必要となる。つまり綱渡りの棒のような役割を果たしている。おまけに大きなふわふわのしっぽは、跳ぶときにも役立つ。しっぽが空中での方向調整を可能にしてくれるのだ。木に登る哺乳類は、ほとんどみな長いしっぽをもっている。リスは頭からしっぽまで、そして外側も内側も、とてもうまくできているわけだ。

キ
ツ
ネ

この動物はイヌ、あるいはオオカミにも見える。しかしこれはキツネだ。
そして、おしりに写っている丸い袋からわかるとおり、明らかにオスで
ある。だが……どうしてキツネには長いしっぽがあるんだろう？　リス
の長いしっぽは、木に登るためのものだった。それなら、キツネも木
に登るということか？　ご名答。木の上で寝たりするキツネもいるのだ。
じゃあ、隣の家のラブラドール・レトリーバーもそんなことをするのだ
ろうか？　もしかしたら、するかも。インターネットは、木に登る犬の動
画でおおにぎわいだから。

それだけでなく、狩りですばやくターンが必要なとき、キツネのしっぽ
はバランスを取るのに役立つ。キツネはしっぽでコミュニケーションも

取る。たとえば、しっぽを高く上げているときは「自分がボスだ」とい
う意味を表し、しっぽが低いときはその反対か、おびえているときだ。
そしてキツネは暖を取るためにもしっぽを使う。寒いときは、体を丸く
して、しっぽを温かい毛布のように体に巻きつけるのだ。

オオカミとは違って、キツネは長距離を走るのが得意じゃない。走る
のは逃げるときだけ。狩りのときは、むしろ忍び足で獲物に近づいて
飛びかかる。そのためキツネの後ろ脚は、前脚より少し長い。踵はと
くに長く、高く跳ぶ力を生むための発達した筋肉がついている。とも
あれキツネというのは、食べるためには労力よりも知恵を使う生き物
なのだろう……。

しっぽのお話

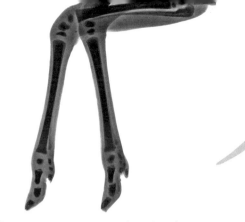

ああ、骨だらけのこの本も終わりに近づいているのに、取り上げていない大事な情報がまだたくさんある。でも、この珍しい骨の写真にはかなり満足してもらえると思う。ここにいるのは、とても幼いシカだ。眠ったままの、生まれたての子ウシのようにも見えるが、これは子ウシじゃなくて、ノロジカの子。骨が「完成」していないのが、はっきりとわかる。全体に成長が必要で、とくに関節の部分の、骨の結びつきがまだ弱い。関節には軟骨が多くあるのだが、このX線写真にはほとんど写っていない。ただ骨の数はほぼすべてそろっている。

骨というものはいつまでも未完成のままで、一生成長を続ける。大人になると骨はもう大きくならないが、2〜3年のうちに、人間や動物の骨の細胞はすべて入れ替わる。古い組織はやがて消えてなくなり、新しい組織になる。骨は生きているのだ。そして私たちを生かし続けてくれる。体を守ったり、筋肉を支えたりしているだけでなく、骨は血液の製造工場でもある——体の中の血液がどこからくるのか、疑問に思ったことはないだろうか？　そう、骨からなのだ。私たちの骨は、内部にある「骨髄」と呼ばれる組織から毎秒およそ数百万個の血球をつくる。なにより、骨はカルシウムやほかの大切なミネラルを保存する役割を果たしている。血中にミネラルが多すぎるときは保存して、逆に少なすぎるときには放出する。

さらに、骨はその重さのわりにものすごく頑丈だ。たとえば石や鉄、鉛、セメントよりも、ずっと強度があり、しかも軽い。骨がなにか別の素材でできていなくて、よかった。もし、ほかの素材でできていたとしたら、体がものすごく重かっただろうし、校庭を跳びまわることもできずに、ケガをして病院の救急治療室にひんぱんに出入りしていただろう。だから、私たち人間も、体の中に骨格があることを本当に喜ぶべきだ。

骨よ、ありがとう！

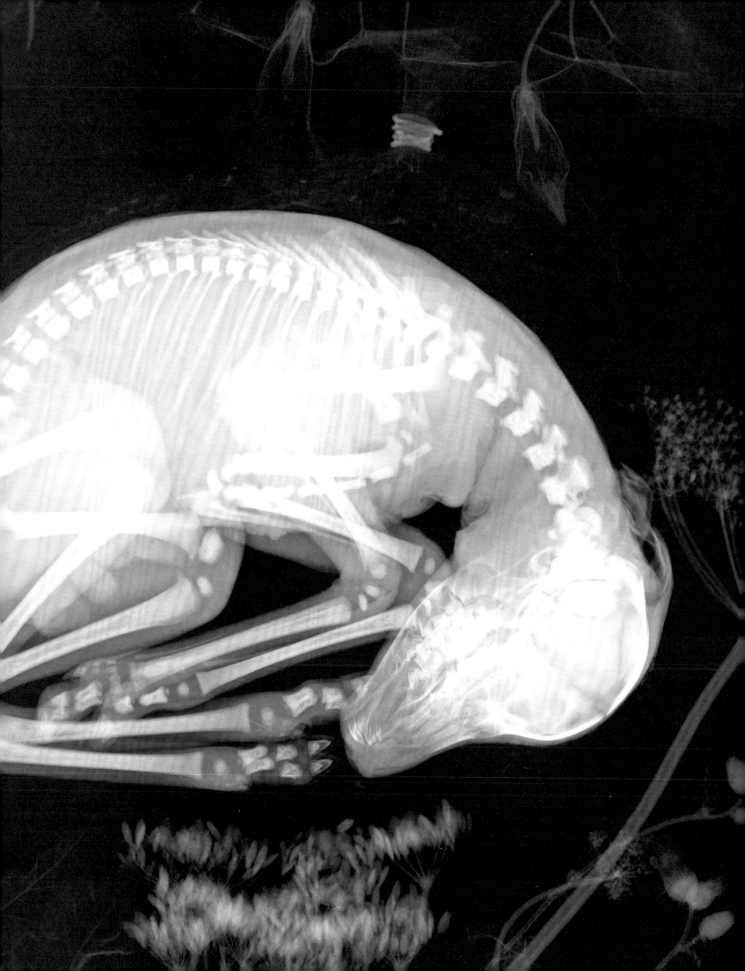

X線写真をながめれば、この動物の名前が予想できる。木に座るリスに見えないだろうか？　まるでリスのように木に登り、高い枝の上でバランスを取るために、このサルには長いしっぽが必要だ。このリスザルを見れば、人間にだいぶ近づいてきたのがわかる。とはいえ私たち人間を含め、チンパンジーやボノボのような類人猿は、しっぽをもたない。ほかにも、短い脚と長い体から、この動物が人間ではないことはわかる。外見だけではない。人間とサルのもっとも重要な違いは頭蓋骨の中、つまり脳にある。

一般に、脳の大きさが、動物の知能の高さを決めるといわれている。私たち人間は巨大な脳をもつ。でもゾウやクジラはもっと大きな脳をもっているし、それなら人間より知能が高いのだろうか？　いや、大切なのは、脳のどの部分が一番大きいかだ。脳の中で知性をつかさどる部分は大脳新皮質の「前頭葉」である。この写真は、サルの前頭葉が人間より小さいことを示している。

詳しく説明しよう。脳には3種類ある。まずは「爬虫類脳」。これはとても重要で、人間の脳の初期に形成される部分だ。生き物の本能にかかわる欲求や感覚をつかさどる脳幹や小脳などの中枢部分にあたる。つまり、心臓の鼓動、呼吸、体温の調整など、考えずにやっていることはすべて、ここが担っている。次に、そのまわりには「哺乳類脳」があり、大脳辺縁系にあたる。ここは感情をつかさどる部位だ。爬虫類にはこれがない。だからどんなに面白いジョークを言ったって、カメは絶対に笑わない。いっぽうイヌやネコ、ほかの哺乳類がどんな気分なのかは、わかりやすい。

もっとも外側にあるのが「人間脳」で、大脳新皮質（新皮質）にあたる。これが（そのうちの前頭葉がとくに）、リスザルには大きく欠けている部分だ。ほとんどの哺乳類には新皮質の薄い層があるが、人間はこの層がとても厚い。この部分が私たちを特別にしている。新皮質で、私たちは言葉を学び、物語をつくり、クアトロフォルマッジ（4種のチーズをのせたピザ）のような料理を思いつき、算数の問題を解き、宇宙に飛びだすロケットを設計する。クジラやゾウでさえ、この部分は人間より小さい。だからこそ、月に最初に降り立った地球の生き物は人間で、ゾウではなかったのだ。

さあ、これでぜんぶ見てきた。残るはひとつ。X線の発明について……。

リスザル

サルの頭

1895 年 11 月のある日……。

「おいで、アンナ」と、ドイツ人科学者は妻に言った。「手をそこに置いて、そのまま動かさないでいてくれ」
「怖いわ。それに、ここはとても暗いし」と、アンナは答えた。
「なにも起こらないと約束するよ。痛くないさ。なにも感じない」と科学者は笑った。
「指輪は外さなきゃだめ？」
「いや、つけたままで十分だ」
「わかった。準備できたわ」
「いいかい？」
「ええ。いえ、ええと……はい」
「本当に大丈夫？」
「はい」
「よし。じゃあ、あのスクリーンをみて」
「え？ なに……あれは？」
「アンナ、あれは君の手だよ。君の指輪が、ちゃんと指にはまっている」
「いや！」アンナは叫んだ。「なんてこと！ 私は今、自分の死んだあとを見てしまったのね！」

アンナがそれほどまでに驚いたのには、わけがある。彼女の夫、ヴィルヘルム・コンラート・レントゲンは、史上初めての X 線写真を妻の手を使って撮ろうとしたからだ。指輪だけでなく、彼女の手の骨もぜんぶ見える。スクリーンに映った手は骸骨のようだ。驚くのも無理はない。

それまでの数週間、ヴィルヘルム・レントゲンは、毎日朝から晩まで自分の研究室にこもっていた。じつはものすごい発見をしたのだ、しかもまったくの偶然に。彼は放射線の研究をしてきた。それまでも物理学者たちは、電気によって驚くべき事象が起こることを発見していた。ガラス管をほぼ真空にして、2 枚の金属板を入れて高電圧をかけると、きれいな色の光が発生する。だが、どうして？ その答えをヴィルヘルムは知りたくて、いろいろな実験を重ねていた。そんな実験をしていたとき、突然近くにあるスクリーンが光っているのに気がついた。どこからも光は入っていないのに。光を出しうる唯一のものはガラス管だが、ガラス管のまわりには厚紙が巻いてある。つまり、光が厚紙を通り抜けて、少

発明家

し先のスクリーンを照らしたに違いなかった。ヴィルヘルムは、今までこんな経験をしたことがなかった。それはふつうの光線ではなく、まったく別のものだった。物の中を透過できる光線。ヴィルヘルムが自分の手をガラス管とスクリーンのあいだに置くと、手の中の骨の「影」がスクリーンに映しだされた。世界で初めて、X線写真を撮影した瞬間だった。

この発見のすぐあと、彼は実験に取りかかった。この光線は、ほかにはどんなものを通り抜けるのだろう？ 反対に、遮断するものはなにか？ こうしてヴィルヘルム・レントゲンは、X線と名付けた放射線が軟らかい組織は通り抜けるが、硬い物質には遮断されることを発見した。この差によって、脂肪や筋肉に比べて、骨や歯がくっきりと目立つのだった。

ヴィルヘルム・レントゲンが発見したX線のニュースは、またたくまに世界中に広まった。彼自身も科学者に贈られるもっとも重要な賞、ノーベル賞を受賞した。のちに続く研究者たちもこの発明を使って仕事に取り組み、X線装置の改良を重ねている。X線は、医師たちに素晴らしい可能性をもたらした。つまり、体を切り開くことなしに患者の内側をのぞけるようになったのだ。さらにX線のおかげで、空港の警備員たちはスーツケースを開けることなく、誰かが禁止されたものを隠し持っているかどうかを判断できるようになった。考古学者はどこも傷つけることなく、ミイラの内側を調査することができる。天文学者はX線望遠鏡で、光を出さずにX線を放出する宇宙内物質を研究できるのだ。

では、私たちはどうだろう？ この発明のおかげで、メンフクロウがじつはやせた生き物であり、マルハナバチがくびれた細い腰をもち、コウモリが大きな両手を使って飛ぶこと、シタビラメの骨が芸術作品のようだということを知った。そして、命の内側のほうが本当は美しい場合も多いという知識を、共有できたのである。

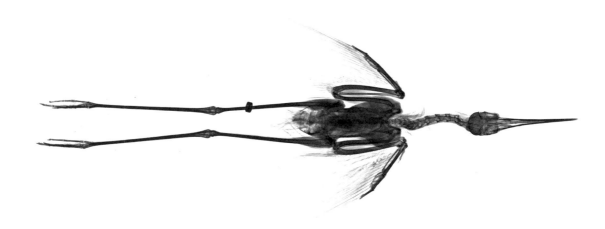

X線写真で見る生き物の世界

イノチ ノ ウチガワ

2022年12月10日　初版第1刷発行

文
ヤン・パウル・スクッテン

写真
アリー・ファン・ト・リート

訳
のざかえつこ　みないようこ
野坂悦子・薬袋洋子

監修
いまいずみただあき
今泉忠明

発行者
岩野裕一

発行所
株式会社実業之日本社
〒107-0062
東京都港区南青山5-4-30
emergence aoyama complex 3F
電話
（編集）03-6809-0473
（販売）03-6809-0495
https://www.j-n.co.jp/
小社のプライバシー・ポリシー（個人情報の取り扱い）は
上記ホームページをご覧ください。

印刷・製本
大日本印刷株式会社

デザイン
三木俊一（文京図案室）

本文DTP
濱井信作（compose）

編集
齋藤由梨亜

binnenste binnen
Japanese translation rights arranged with
UITGEVERIJ J.H. GOTTMER
through Japan UNI Agency, Inc., Tokyo
© Jan Paul Schutten(text), Arie van't Riet(photographs) 2017

© Etsuko Nozaka, Yoko Minai, Tadaaki Imaizumi 2022 Printed in Japan
ISBN978-4-408-65016-6（第二文芸）